国家自然科学基金面上项目（52378080）
教育部人文社会科学研究青年基金项目（23YJC630271）

"空间的重生"系列丛书

城市创新空间
体系建构与规划导控

朱 凯 著

中国建筑工业出版社

图书在版编目（CIP）数据

城市创新空间体系建构与规划导控 / 朱凯著 .
北京：中国建筑工业出版社，2025.4. --（"空间的重
生"系列丛书）. -- ISBN 978-7-112-30979-5

Ⅰ. TU984.11

中国国家版本馆 CIP 数据核字第 20251ZM039 号

责任编辑：毋婷娴
责任校对：赵　颖

"空间的重生"系列丛书
城市创新空间体系建构与规划导控
朱　凯　著

＊

中国建筑工业出版社出版、发行（北京海淀三里河路 9 号）

各地新华书店、建筑书店经销

北京方舟正佳图文设计有限公司制版

建工社（河北）印刷有限公司印刷

＊

开本：787 毫米 × 1092 毫米　1/16　印张：12½　字数：220 千字

2025 年 6 月第一版　2025 年 6 月第一次印刷

定价：**68.00** 元

ISBN 978-7-112-30979-5

　　（44559）

丛书前言

周期性是经济社会发展的普适性规律，时隔三十多年迎来的2015年中央城市工作会议，为时处经济社会发展周期节点——新常态的城市指明了转型的方向，即以人为本是城市发展的核心要义。

人的各类生活与生产活动成就了城市的经济社会发展硕果，这一发展过程也是城市生产、生活功能不断提升和重置的过程。改革开放以来，从国企主导的综合性厂区到出口导向的单一性加工区，从仓库式的保税区到平台化的自贸区，从繁星点点的家庭工厂、乡镇企业到企业入园入区导向下雨后春笋般成长的开发区，从集聚效应导向下的传统工业区到产城融合导向下的现代新城，从先行先试的科创载体到遍地开花的双创园区，这些产业空间变迁现象背后实则演绎的是不断变革的生产模式。

从流动集市到固定市场，从零散店面到成排街铺，从传统供销社、商场商厦到现代商业综合体，商业空间在内容上趋于多样化、在结构上趋于集约化；从低矮红砖房到多层、高层乃至超高层钢筋混凝土楼房，从单位筒子楼到城市商品房，加之同步发生的大院、新村、小区、家园、花苑以及名府等居住区名称的迭代，居住空间在品质上不断改善，在品位上逐步晋级。商业空间和居住空间作为基本的日常生活功能承载空间，其发展脉络背后实则演绎的是人们不断升级的生活方式。

现阶段，伴随传统城市化向新型城市化的转轨，以人为本的城市发展理念逐步由方向性纲领转化为具象化行动，城市空间也由增量扩张转向存量优化，存量空间已经成为人本理念下生产、生活功能提升和重置的主战场，而其中孕育新的生产模式和生活方式、担当着激发城市发展活力触媒角色的"新城市空间"，更是推动城市向新发展阶段迈进的旗舰性重生空间。

新城市空间的形成源于生产模式的变革和生活方式的升级，且就当前城市发展阶段而言，其不是新的范围拓展空间，而是既定存量范围内新生产、生活功能的潜力承载空间，并呈现出主体的多元性、功能的复合性、资源的共享性等属性特点。新城市空间可以来自对新产业类型、新居住形式和新商业业态等的广泛承载需求；也可以是新的具象化载体或平台，例如，应不同年龄段居民多样化便捷生活追求而兴起的社区商业中心、应创新人才高配套服务要求而产生的集工作和消费于一体的创新综合体、应互联网经济而形成的各类共享实体平台等，并强调空间利用的精细化和管理引导的精准化。

这些新城市空间是否能够成为燎原城市生产、生活功能提升和重置的星星之火，尤其体现在各自布局上从零星式散落过渡到体系化组织的成长速度，这也正是城市进入存量优化阶段需要长期探讨的发展命题。

朱凯

2019年3月1日

于建工大楼

本书序言

在当今时代的宏大叙事之下，城市发展正经历着深刻变革，当前中国城市的发展轨迹与路径探索，恰与当下诸多前沿理论与实践紧密交织。

从宏观经济演进规律来看，我们清晰见证着产业经济形态从制造业主导向服务业主导的华丽转身，就业结构随之重塑，人才需求与分布发生颠覆性变化。如今，城市的繁荣昌盛愈发仰仗多元人才汇聚，他们怀揣梦想与智慧，成为驱动经济增长的核心力量。新一代信息技术更是如同一股强劲东风，促使人才向都市回流。短距离通勤追求绿色便捷，中长距离高铁畅行无阻，大城市凭借充裕机遇、活跃社交与完备服务，磁吸受过高等教育的年轻一代。过往城市发展实践有力证明，创新活动在大城市内城蓬勃集聚，创新人才已然成为企业择址的关键考量，正如莫雷迪在《新就业地理》中所揭示的那般，一位创新人才能撬动五个新岗位，其集聚效应超乎想象，且创新过程中的"面对面"交流无可替代。

这一系列变革投射在城市空间领域，意义深远。虽曾有"地理已死"的论调泛起，但却被现实有力回击——空间作用不降反升。回溯历史，从农业到工业再到创新创意驱动的服务业，企业与员工关注的空间焦点历经变迁，在当下以服务业、创新创意领航的时代，场所品质脱颖而出，成为吸引资本与人才的磁石。列斐伏尔在《空间的生产》中的洞察，哈维在《世界的逻辑》里的阐述，以及曼纽尔·卡斯特尔斯关于"流动的空间""网络社会"的理论，无一不强调城市空间特质细微差异对资源流向的决定性影响，段义孚区分空间与场所，点明场所品质蕴含的关键"亲和力"，乔尔·科特金更是警示技术变革下城市发展机会的重新洗牌。

城市竞争由此在两个关键层面激烈展开：一是城市间品质与精神的较量，富有冒险、包容特质的城市精神对创新人才与企业有着致命吸引力，迈克尔·斯托波尔《城市经济的崛起与衰落：来自旧金山和洛杉矶的经验教训》中旧金山与洛杉矶发展路径的分野便是鲜活例证；二是城市内部空间的角逐，微观空间环境品质——"场所品质"，将决定人才与企业的具体落点，西尔和克拉克在《场景》提出的场所质量与创新岗位的紧密关联，深刻诠释了其重要性。

而在这样复杂且关键的城市发展语境之下，朱凯教授聚焦城市创新空间开展了系统且深入的研究。朱凯教授敏锐捕捉到创新的"在地性"属性，以此为切入点，将城市内部承载创新活动、吸纳创新人才、集聚创新主体的创新空间锁定为研究对象，通过严谨的论证明确了创新空间作为城市内部特殊的空间载体，在当下承载着创新活动、吸纳创新人才、集聚创新主体以及协调各类人本需求的功能，并且当前呈现出类型多样化、分布广泛化、尺度多元化以及配套精细化的发展态势。

在研究过程中，朱凯教授有条不紊地推进各项工作。一方面，在理论梳理上，他精心遴选与城市创新空间紧密相关的基础理论，细致入微地梳理其演化脉络与内在逻辑，进而搭建起城市创新空间研究的人本框架。在这一框架下，依次对创新空间的类型、区位与尺度体系展开深入探讨，每一个环节都基于扎实的调研与理性的分析。另一方面，在实践结合上，他广泛搜集不同层次的创新空间规划实践案例，涵盖北京、上海、深圳、杭州、南京、合肥等国内多个先锋创新城市的创新空间发展与建设实践，将理论研究与实际操作紧密相连。同时，朱凯教授围绕就业（生产）、居住（生活）和服务（生活）"三元"，创新性地提出以人为本的城市创新空间研究"三元"关联框架；兼顾宏中微观分析视角，科学地建构了城市创新空间的类型体系、区位体系和尺度体系；先后整理城市创新空间在城市（整体）、片区以及地块层面的规划实践，清晰地指出规划导控的意义在于通过抽象的创新功能关联"链条"实现不同类型、区位与尺度的创新空间在城市内部的统筹管理。

全书内容的组织严格遵循学术研究的规范性要求，大量丰富且翔实的实践素材为其观点提供了坚实的支撑，相关学术观点在城市创新空间研究领域展现出不容忽视的创新性。可以合理预期，该书的出版将会在城市创新空间研究领域引发学界的广泛关注与深入探讨，并在当前城市发展实践中发挥积极的引导作用，为城市发展的理论深化与实践推进增添动力，助力后来者在这片充满机遇与挑战的领域持续探索前行。无论是专注学术研究的学者，还是奋战在城市规划一线的专业人员，都能从这部著作中获取有益的知识与启示，照亮前行的道路，携手共创城市发展的美好未来。

相信读者们一旦开启这本著作，便能沉浸其中，感受城市创新空间研究的深邃内涵，收获属于自己的深刻洞见，开启一场知识与实践交织的精彩旅程。是为序。

邓智团

上海社会科学院研究员

2024年12月21日

本书前言

2015年召开的中央城市工作会议，确立了新常态下我国城市发展以人为本的核心要义和以创新为动力的转型路径。党的二十大报告将进入创新型国家前列作为2035年我国发展的总体目标之一予以明确，强调要深入实施科教兴国战略、人才强国战略、创新驱动发展战略。回溯我国改革开放的进程，从早期以来料加工和来样装配为主的生产线探索式组建，到强调规模的生产链集群式引导，再到强调品牌和技术环节上下游双向拓展的产业链与价值链全面完善，创新活动无不伴随每一轮产业经济转型与调整步伐，其间，创新这一支撑国家经济发展的原动力角色渐趋凸显，并逐渐从推动社会发展的幕后走到台前，被大众所广泛认知和理解。

新常态下，我国城市发展以人为本的核心要义和以创新为动力的转型路径业已明晰，创新空间作为城市空间的有机组成部分，扮演着承载"大众创业、万众创新"浪潮下的诸多创新活动、吸纳创新人才、集聚创新主体以及协调各类人本需求的先锋载体角色，在首当其冲的同时，亦呈现出类型多样化、分布广泛化、尺度多元化以及配套精细化的发展态势。由此可见，城市创新空间的科学建设与导控对于创新的动力作用发挥具有重要的支撑意义，其是谋划以人为本的城市、区域乃至国家"可持续"创新发展的关键性旗舰空间，并随着自身重要性与独立性的加强，作为系统化的对象被引入城市发展和规划实践以及城市空间研究体系已是颇为必要。

本书秉持上述思想认识，将其贯穿城市创新空间体系建构和规划导控研究的整个过程，既是对城市创新空间研究与实践"唯经济"主流导向的尝试性突破；也是将创新空间作为诸多类型城市空间的一种，进行时代性话语体系系统建设的探索性实践。在内容安排上，本书立足对创新、创新人才、创新主体以及创新空间等概念的认知，遴选了相关基础理论，梳理了城市创新空间的演化脉络与逻辑，建设性地提出了城市创新空间研究的人本框架。在此基础上，本书从创新空间的功能、区位和尺度等属性出发，依次探讨了城市创新空间的类型、区位和尺度体系；聚焦城市创新空间的有序布局与科学发展，明确了不同层面的创新空间规划导控框架及要点；最后提出了面向创新城市建设的政策保障建议。

在学术观点方面，本书围绕城市创新空间的建设与导控主题，形成了如下创新性观点：①确立了城市创新空间演化的集聚与扩散、聚变与裂变两对基础逻辑。本书围绕创新空间这一对象，通过辨析其与创新活动、创新人才、创新主体等概念的关系和追溯相关经典理论，提出了集聚与扩散、聚变与裂变两对分析逻辑，推演城市创新空间形成与发展的演化过程，为城市创新空间研究提供了基础逻辑支撑；②提出了以人为本的城市创新空间研究"三元"关联框架。本书整合了创新主体及其内部创新人才的需求，围绕就业（生产）、居住（生活）和服务（生活）"三元"，形成了以人为本的城市创新空间研究"三元"关联框架，是对以人为本的城市发展研究和创新空间研究交集板块的研究尝试，也是二者的有机组成部分；③建构了城市创新空间研究系统。本书从创新空间的功能、区位与尺度属性出发，结合全国和地方发展实践，依次建构了城市创新空间的类型体系、区位体系和尺度体系，兼顾了宏、中、微观分析视角，并提出了今后城市创新空间研究的拓展方向，是完善城市创新研究的子系统之一；④明确了城市创新空间规划的总体导向。本书将城市创新空间体系相关结论过渡到具体规划实践，明确了规划导控的意义在于通过抽象的创新功能关联"链条"实现不同类型、区位与尺度的创新空间在城市内部的统筹管理，为当前城市创新发展引导提供了抓手；⑤揭示了城市内部不同层面创新空间规划导控的技术框架及内容要点。以类型、区位和尺度体系建构为目标，本书依次整理了城市创新空间在城市（整体）、片区以及地块层面的规划实践，探索性地揭示了不同层面城市创新空间规划的导控技术框架及内容要点，为城市创新空间建设实践提供了导控依据。

本书为完善以人为本的城市创新空间研究理论体系提供了系统的建设性成果，也为多学科研究方法的整合应用提供了可行的操作思路，还为城市提升创新主体聚合能力和创新人才吸引力、引导内部创新空间科学组织与布局以及高效打造创新城市提供了具有明确实操性的参考依据。

在成书过程中，得到了著者导师、东南大学建筑学院王兴平教授，同门师弟（李迎成、贺志华、周军等）以及研究涉及城市（如南京、合肥、杭州等）相关部门领导的大力支持，著者指导的研究生（宋文轩、袁昊煊、孙婉香、顾志凌等）做了大量的基础资料整理工作。著者对于创新空间的研究始于导师主持的国家级课题，书中若干观点亦受同课题组成员的指导和启发，具体人员不再一一列举。在导师的谆谆教导和殷切关怀下，著者后续开展了一系列相关理论研究和项目实践，部分成果也已在书中纳入。于此一并致谢！

目 录

一

理论溯源篇

第1章 绪论

纵观国际经济发展脉络，每一轮创新浪潮的来临都是不同国家和地区新旧产业更替与经济转型的前兆，创新成为推动产业经济转型的重要动力已是不争的事实，作为其载体的创新空间在城市内部也相应孕育成型乃至成为相对独立的城市空间类型。现阶段，伴随国家转型发展信号的释放，创新发展逐步成为从国家层面到地方层面被积极落实的核心战略，创新空间作为创新活动的承载主体和城市空间的有机组成部分，也面临着一系列关联发展新形势。

1.1 研究背景

1.1.1 创新驱动发展战略全面上升为系统性国家战略

当前，我国已进入以创新谋求可持续发展的新阶段。在全球经济增长放缓的大环境下，作为以外商直接投资和低成本优势支撑的"世界工厂"，依靠投资及外需拉动的传统模式已难以为继，早期粗放式发展累积的环境资源矛盾与高消耗式的发展路径亦形成鲜明对比。因此，加快通过创新实现发展转型，推动城市由"加工型"向"创新型"转变，已是实现经济发展方式根本转型的必然选择。

回顾国家层面创新发展的关联政策及行动过程，《中共中央关于制定国民经济和社会发展第十一个五年规划的建议》明确了"致力于建设创新型国家"的目标，《国务院关于印发2008年工作要点的通知》中将自主创新与改革开放并列纳入年度工作总要求，并于2012年出台《关于深化科技体制改革加快国家创新体系建设的意见》，之后相关政策文件发布数量和涉及领域明显增加（图1-1），党的十九大报告（2017年）更是强调将"加快建设创新型国家"作为我国建设现代化经济体系的六大任务之一，党的十九届五中全会（2020年）进一步强调将"创新驱动发展"作为国家重大战略深入推进实施，十九届六中全会（2021年）再次强调必须实现创新成为第一动力、协调成为内生特点、绿色成为普遍形态、开放成为必由之路、共享成为根本

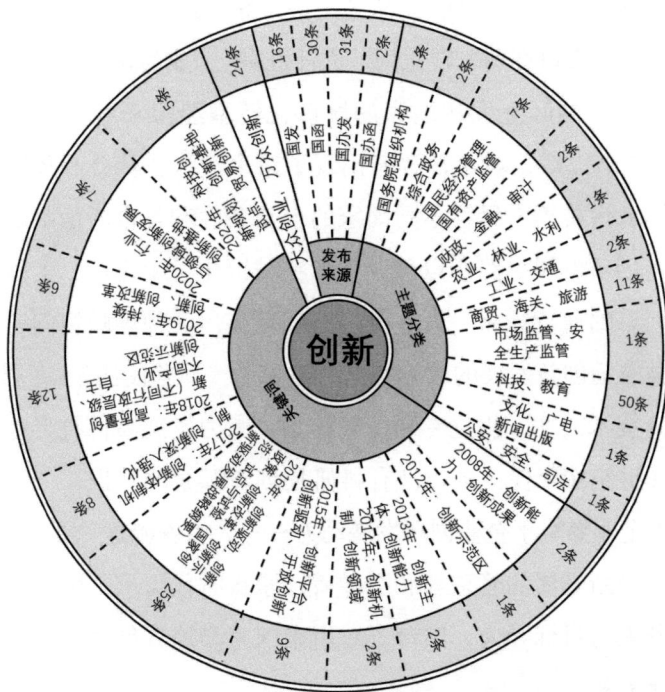

图 1-1 以"创新"为标题关键词的国务院政策文件库检索结果

资料来源：基于国务院官方网站检索结果整理绘制

目的的高质量发展，党的二十大报告（2022年）明确我国在2035年将进入创新型国家前列，指出必须坚持科技是第一生产力、人才是第一资源、创新是第一动力。由此可见，国家层面出台的创新发展指导政策一直未曾间断，且越来越为明确和系统。

1.1.2 新型城镇化的持久动力需要创新予以破题

回溯我国改革开放以来的城镇化道路，早期借助土地、劳动力等要素投入优势，经济高速增长，总量先后超过德、日等发达国家，成为世界第二大经济体。2011年我国城镇化率突破50%，城镇人口数量接近7亿，第七次全国人口普查数据显示这一数量已超过9亿。这不仅是一个简单的人口数字变化，还会带来国家经济、社会结构的历史性变化，表明我国已从乡村型社会为主体的时代进入了以城市型社会为主体的新型城镇化时代，这意味着人们的生活与生产方式、价值观念与意识、职业与消费结构等都在发生根本性变化，产业转型升级、人居环境改善等问题愈发受到重视。伴随我国经济增长进入新常态，以及全球产业体系的不断重构和国际形势的波诡云谲，"打铁还需自身硬"，从"又快又好"到"又好又快"，以创新驱动高质量发展，加快将"人口红利"转化为"人才红利"，成为这一阶段的必然选择。

无独有偶，从国际上发达国家的城镇化转型经验来看，根据诺瑟姆曲线，当城镇化率达到50%以后，城市都普遍出现了诸多经济、社会和环境问题，如通货膨胀、失业、环境污染等。尽管不同国家的自身条件和各自所面临的时势均有不同，但都是通过走创新发展之路予以破题。如在城镇化过半之后，美国经历了两次世界大战，随之而来的通货膨胀、失业等经济问题突出，种族歧视问题严重，政府就此积极探索各类鼓励创新发展的政策举措，出台了《新移民法》《专利法》等，广泛吸引其他国家高技术人才，优化专利保障体系，大力发展高科技产业，推动了经济发展跃迁。至20世纪80年代，企业已有科研是创新源泉的共识，彼时展开的系列调查结果中肯定了企业界对于企业创新发展动力——人力资源这一要素的认可（图1-2），政府作为城市创新发展的管理者和引导者，紧跟时代需求，以指导城市创新活动的有序和规范开展为目标导向，出台了对后来国家和地方创新发展有着深远影响的法案——《拜杜法案》。

日本在城镇化率过半之后持续对既有工业体系进行改造，从20世纪50年代的钢铁产业到60年代的汽车、石油化工产业，再到80年代的计算机、飞机产业等，技术、工艺、产品等不断升级，科技创新成为彼时引领日本走向城市化新阶段的重要引擎，直至90年代，日本出台了《科学技术基本法》，才完成了自身科技立国的顶层设计。

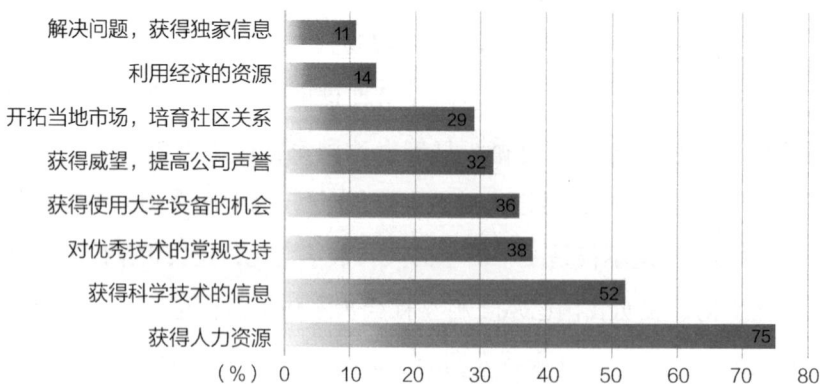

图1-2 美国企业界20世纪80年代支持学术研究的原因调研统计

数据来源：根据《麻省理工学院与创业科学的兴起》一书中的数据资料绘制

综上可见，无论是我国城镇化推进的实际困境，还是发达国家城镇化推进的既有经验，都表明城镇化阶段的进阶需要创新提供源源不断的动力，我国的新型城镇化亦迫切通过创新予以破题。

1.1.3 创新发展成为新时代城市角力的共识主题

建设创新城市是建设创新型国家和加快新型城镇化进程的必由之路，也是探索新的城市发展模式和推进可持续发展的时代要求。为加快实施国家创新驱动发展战略，构建和完善国家创新体系，中国自2008年以来陆续公布了一批创新型试点城市（表1-1），并明确了"创建国家创新型城市要以实现创新驱动发展为导向，以提升自主创新能力为主线……培育一批特色鲜明、优势互补的国家创新型城市……为实现创新型国家建设目标奠定坚实基础"的指导思想和目标。

国家创新型试点城市及地区名单　　　　表 1-1

年份	名单
2008	深圳
2010	天津滨海新区、北京海淀区、哈尔滨、包头、石河子、唐山、洛阳、济南、上海杨浦区、嘉兴、宁波、合肥、厦门、武汉、成都、重庆沙坪坝区、西安、长沙、兰州、昌吉、海口等
2011	沈阳、秦皇岛、连云港、呼和浩特、西宁
2012	郑州、南通、乌鲁木齐
2013	泰州、扬州、湖州、宜昌、盐城、济宁、青岛、襄阳、萍乡、遵义、南阳

2018年科技部国家发展改革委发布《关于支持新一批城市开展创新型城市建设的函》，支持吉林、徐州、绍兴、金华、马鞍山、芜湖、泉州、龙岩、潍坊、东营、株洲、衡阳、佛山、东莞、玉溪等城市开展创新型城市建设。2021年科技部组织召开了国家创新型城市建设工作推进会，总结国家创新型城市建设进展，部署新时期创新型城市建设重点任务，并于次年发布了《关于支持新一批城市开展创新型城市建设的通知》，涉及25个城市（表1-2），为建设现代化经济体系、提升人民生活品质、构建新发展格局、实现高质量发展提供支撑。

新一批创新型城市建设名单 表1-2

地区	名单
东部地区	保定、邯郸、宿迁、淮安、温州、台州、淄博、威海、日照、临沂、德州、汕头
中部地区	长治、滁州、蚌埠、铜陵、新余、新乡、荆门、黄石、湘潭
西部地区	柳州、绵阳、德阳
东北地区	营口

城市是各类创新要素的集聚地，其创新发展对国家的国际竞争力影响重大。放眼全球，诸多世界性城市在设定未来发展目标与愿景的过程中不约而同地将"科技创新"作为核心竞争力和重要功能（图1-3）。

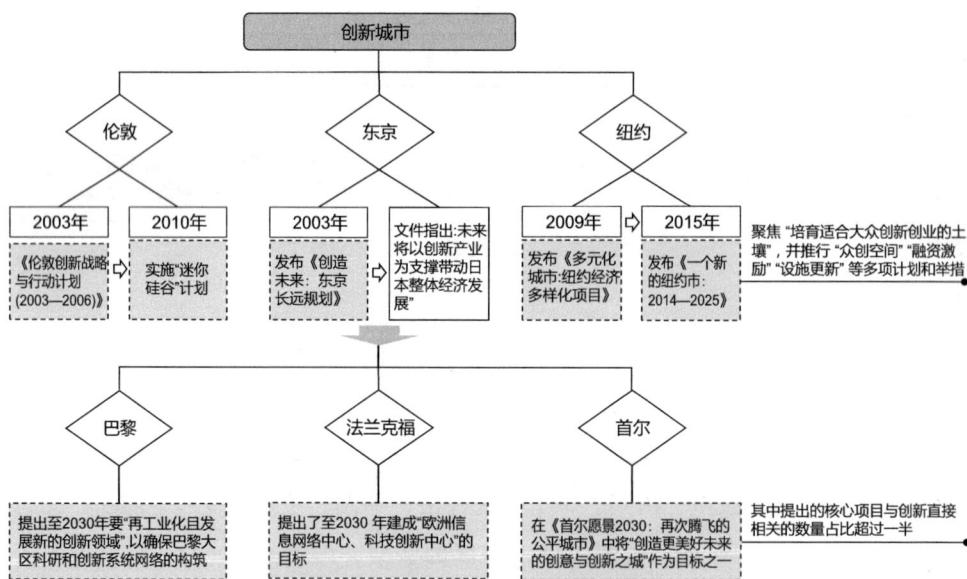

图1-3 部分国外城市的创新发展愿景

1.1.4 创新空间是当前创新城市建设的旗舰空间

中央城市工作会议于2015年召开，确立了新常态下我国城市发展以人为本的核心要义和以创新为动力的转型路径，创新空间作为特定的城市空间类型，在承载着"大众创业、万众创新"浪潮下诸多创新活动的同时，也是创新人才这类社会需求极为敏感人群的需求集合体。创新空间的建设与发展对于创新的动力作用发挥及其"持续性"保障具有支撑意义，是谋划城市、区域乃至国家"可持续"的创新发展的关键性旗舰空间。

基于上述认识，回溯我国创新城市的建设实践及行动可见，伴随创新理念逐步成为各级政府制定地方发展战略、贯彻国家导向的行动共识，城市创新发展推进行动也相应紧锣密鼓地展开，尤其是以2010年发改委和科技部先后出台的《关于推进国家创新型城市试点工作的通知》和《关于进一步推进创新型城市试点工作的指导意见》等文件为指引，不同城市与国家政策方向一致，纷纷积极筹划培育和建设自身内部的创新活动承载空间，开展开发区、高新区等早期产业空间的转型升级和科技城、科技/科创园、孵化器、加速器、高校创新圈等新载体的培育，以及各类新旧科创载体的整合等行动，如全国园区发展标杆——苏州工业园区紧跟国家每一轮园区改革步伐，不断更新产创功能融合模式；杭州的未来科技城、深圳的南山科技园、上海的环同济创新圈等现已成为或正在建设成为全国知名的新型创新活动承载空间；合肥的滨湖科学城整合城市内部高新区、经开区和多个临近载体，是合肥建设综合性国家科学中心的核心依托。

概言之，在创新关联政策的制定与执行过程中，创新理念逐步成为由国家到区域、再到城市的重要经济发展导向，创新活动及其承载空间也逐步成为各级政府制定地方发展战略、贯彻国家发展导向的着力点，由此也在城市内部形成了类型多样且分布广泛的创新空间。

1.2 研究对象

1.2.1 创新

目前普遍认为最早提出创新理论的学者是美籍奥地利经济学家熊彼特，在其1912年出版的《经济发展理论》中从经济发展角度首次提出"创新"这一概念，并在1933年出版的《商业周期》中，又进行了细致阐述，指出创新是"企业家们对生产条件做新的组合"。在他看来，创新是一个经济而非纯技术范畴概念，不仅是科技上的发明与创造，更是一种新生产能力，旨在取得潜在利润，从而推动社会和经济的不断发展。该理论提出的创新不仅包括技术创新，还包括制度创新和组织创新。之后，根据研究对象、研究目的或研究方法的不同，国内外学者对于创新内涵的阐释一直未曾停止，且趋于丰富（表1-3）。

20 世纪国外创新研究的代表学者及其代表理论情况　　　　表 1-3

代表人物	代表理论年份	代表理论
熊彼特	1934	经济发展理论
罗杰斯	1962	创新扩散
弗里曼	1974	产业创新经济学
纳尔逊&温特	1982	经济变革的演化理论
弗里曼	1987	技术政策与经济绩效
冯·希普尔	1988	创新资源
波特	1990	国家竞争优势
郎德威尔	1992	国家创新系统
萨克森尼安	1994	区域优势

随着全球经济社会发展阶段的变迁，相对而言，国内外早期的创新研究多侧重技术创新内涵的研究，如英国的弗里曼（1982年）区分了基础研究、开发、发明和创新之间的关系，认为这四者代表了不同的阶段，其中创新是最后阶段，并指出新过程、新装备、新产品、新系统的首次商业型转化是技术创新。我国学者柳卸林（1993年）与弗里曼的观点类似，指出技术创新指与首次商业应用有关的技术的、制造的、设计的等商业活动；傅家骥（1998年）定义技术创新的关键是企业家，其抓住了潜在的市场盈利机会，对生产条件及要素的进行再组织，建立起具有效率、效能和成本优势的生产经营系统。事实上，就广义的创新而言，是涉及诸多参与者且随着时间不断扩展的交互过程。在21世纪前后，随着创新的"在地性"属性的介入以及城市、区域、国家乃至全球范围内创新发展的实践需求愈演愈甚，国家创新系统、区域创新体系、创新城市、创新空间等理论及概念不断涌现。创新的"在地性"正是本书的关键出发点之一，重点关注企业、高校、科研机构等主体在技术、科研方面的创新活动，包括现实的或潜在的创新，覆盖创新的载体、过程及成果。

1.2.2　创新人才

关于创新人才的界定，国内相对权威的解释是基于地方政府部门的认定。政府引进创新人才，是自身走转型发展之路的必然选择，无论是经济发展模式的转型，抑或是致力于自身的长远可持续创新发展，创新人才的数量与质量都有着极为重要的作用，但限于地方经济条件的不同，在相关的认定标准与门槛上，存在一定的差异性，且均对各领域的尖端人才颇为青睐。

根据研究初衷和学者自身专业领域的不同，国内相关学者对创新人才的界定存在差异，但基本上都是围绕创新人才应当具备的基本素质、创新能力和创新价值来展开。例如，冷余生（2000年）认为创新人才应具有创造精神和创造能力；奚洁人（2007年）认为创新人才是指对社会发展做出创造性贡献的人才；许静（2010年）从品质、专业才能和创新意识三个维度，强调了创新人才应具备多维素质；薛二勇（2012年）指出创新人才的"创新"常被局限于知识与技术领域，而事实上，其与区域发展与服务创新等内容也息息相关，相关行为主体均是创新人才的组成部分；刘海峰（2024年）指出新时代的创新人才培养应关注其素养与思维。简言之，我国相关研究普遍认为创新人才要有创新的意识与精神作为创新的基本素质，其次要具备创新实践能力，将创新思想转化为成果并主动应用于社会，从而为社会全面发展作出贡献。

国际上发达国家也有诸多对于创新人才界定的研究和说法，主要强调人的个性全面发展，并突出创新意识和创新能力。例如，罗伯特认为创新人才通常具有稳定的情绪、超于一般水平的智力等特质。詹姆斯·希金斯认为创新人才需要一定的自由和自由权来进行时间管理，他们不喜欢被束缚，更愿意选择自己感兴趣的工作，因为创新人才永远不知道自己何时会产生新的思想。吉尔福德尤其关注创新人才的自觉性和独立性、强烈的好奇心与求知欲、丰富的想象力和敏锐的直觉，善于观察且知识面广，能够深究事物机理，对智力活动有广泛的兴趣，工作中讲求理性与严格性，具有卓越的文艺天赋，能排除外界干扰，长时间地专注于感兴趣的某个问题。

综上所述，国内外学者对创新人才的界定各有侧重，但普遍聚焦于个体的创新意识与精神、创新能力及其社会价值。基于这一情况，研究结合国家发展实际，将创新人才理解为，是指在特定领域，通过创新思维、创新能力和创新行为打破陈规，取得创新成果，且能够为政府、企业、高校乃至社会等带来广泛效益的特定人群，他们广泛分布于科研院所、高新园区、孵化器等不同的空间载体中，并在其日常生活与工作中表现出一定的共性活动趋向，是城市发展活力的重要来源群体。

1.2.3 创新主体

创新的复合性与复杂性对创新主体的认知提出了迫切要求。继熊彼特之后，英国学者弗里曼1987年率先提出"国家创新体系"概念，特别强调（政府）政策、（企业）研究开发、教育培训和产业结构等四大因素的作用。随后菲利普·尼古拉斯·库克在《区域创新系统：在全球化世界中的治理作用》中提出"区域创新体系"概念，指出该概念反映的是创新主体（如相互关联的企业、机构和高校院所等）在地理空间上的密切联系。之后学者们对区域创新体系中构成主体的争论也随之而来，并形成了若干类基本观点，具有代表性的有"三元学说""五元学说"等。

国际上较为流行的对于创新主体的分类是"三元学说"，库克在《区域创新系统：在全球化世界中的治理作用》一书中提出企业、研究机构及高等教育机构构成了区域性组织体系。此外，亨利·埃茨科维兹作为"三元学说"的杰出代表，亦从社会学的独特角度深入剖析了创新过程中政府、企业、高校三者间的作用关系，其所提出的"三螺旋"概念，不仅强调了政府、企业和高校在创新活动中的核心主体地位，而且进一步阐述了这三者在推动创新过程中的相互作用和协同，特别值得注意的是，埃茨科维兹还具体陈述了创新动力由于发展模式转变而带来的显著表现。更多学者如雷迭斯多夫和迈耶尔等人分别对"三螺旋"即政府、企业、高校三类主体之间的运作关系以及在经济全球化背景下的国家层面的动态演化进行了深入研究。在此基础上，拓展出创新主体"五元学说"，主要代表有摩根，其通过综合分析已有相关定义，进一步提出区域创新系统应由地方政府机构、高等院校、生产性企业、服务机构和研究机构五类创新主体组成。

在借鉴国际区域创新系统相关理论基础上，国内众多学者结合我国的具体国情和实践经验，提出相关理论与概念的拓展。冯之浚认为创新主体包括企业、大学、科研机构、教育培训和机构、中介服务机构。胡志坚提出区域创新系统由多元化主体组成，涉及参与技术研发、知识扩散以及创新实践的企业、大学和研究机构，是一个创造、储备和知识、技能、新产品转让的相互作用的创新网络系统。曾小彬较全面地研究了高等院校、科研机构、企业、信息中介服务机构、地方政府等五大创新主体在区域创新中的地位和作用。张振山指出科技创新是一个协作过程，其间各类主体（尤其是高校、科研机构和企业等）应通过一定的链条机制实现高效运作。

结合对既有创新主体相关研究的整理，研究将城市创新主体框定为政府、企业、高校与科研机构、服务机构等。政府既是为创新提供政策支撑、营造创新氛围、优化创新环境的主体，也是创业孵化和为创新活动提供有效管理和服务的主体；企业是最重要的创新活动实施主体，是技术创新、应用和转移的主力，是创新的出发点和归宿；高校与科研机构是人才和技术的提供主体；服务机构是不同要素传递与服务的主体。每类创新主体都是创新体系中的重要机构和创新活动的重要组成部分，抛去任何一个机构都不符合创新体系的发展规律。进一步地，如果对各类创新主体的内涵属性进行梳理，可将其大致归为三类：一是技术型主体（如企业），其特点是依靠技术进行产业转化；二是知识型主体（如高等院校），其特点是作为创新源提供相应理论知识和创新技术；三是服务型主体（如科技孵化器、生产力促进中心等载体内部的服务机构与平台），其特点是能够提供各类创新配套服务。

1.2.4　创新空间

创新空间作为集聚创新人才且以创新活动为核心内容的城市空间，它不仅承载着为创新人才提供优质的物质空间、完善的配套基础设施及完备的服务支持等创新资源，还致力于营造有利于创新活动顺利开展的生态环境，提高创新成功率和成果转化率的同时产出创新成果。同时，在探讨创新空间之时，还应关注城市创新空间与其他空间的相互作用与关联，相关其他城市功能空间类型包括但不限于生产空间、居住与服务空间、生态与设施空间（图1-4），且就相对关系而言，生产空间是城市创新空间的核心驱动力，后两者则主要是属于创新空间的基础和配套空间。在城市空间布局视角中，从城市布局的视角出发，不同类型的空间或与城市创新空间相互交织、共同构建城市空间结构，或作为创新空间的内部组成部分，为其提供必要的支持与服务。

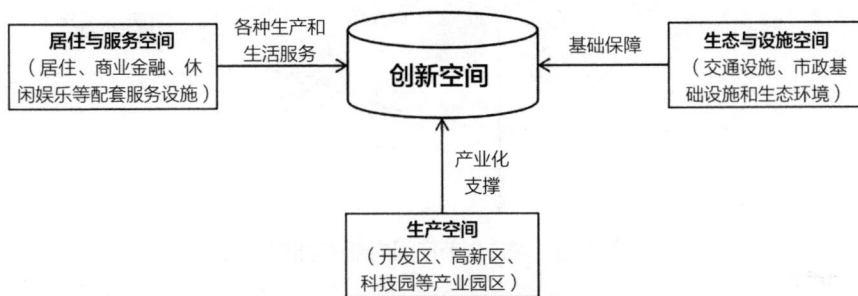

图1-4　创新空间与其他空间的关系

根据承载功能差异，创新空间可具体细分为科研空间、服务空间、设施空间、生态空间和其他空间等具体空间类型，其中，科研空间作为创新创业核心区，主要承载研发办公、中小型试验等生产性活动；服务空间则致力于满足创新人才的需求，通过配备多样化的公共服务设施和创新支持平台，为创新人才提供全面支持。特别地，一些规模较大的创新空间还融合了居住设施，如专家楼和人才公寓，以进一步优化创新人才的生活体验；设施空间则聚焦交通道路、市政等基础设施的规划与建设，为创新活动提供必要的硬件支持；生态空间则涵盖了各类自然与人工绿地、水体等，为创新空间营造宜人的环境氛围；而其他空间如加速器、创业苗圃、生产厂房与车间等，则是为完善创新链条而设置的空间，推动创新成果的转化与应用（图1-5）。除此之外，服务空间内的功能配置与城市创新空间位置密切相关，当创新空间靠近中心城区时，其周边配套设施相对完善，部分服务需求可通过周边社区满足；反之，当创新空间远离中心城区时，周边配套设施则相对匮乏，此时创新空间内部需配备更为完善的服务及设施。

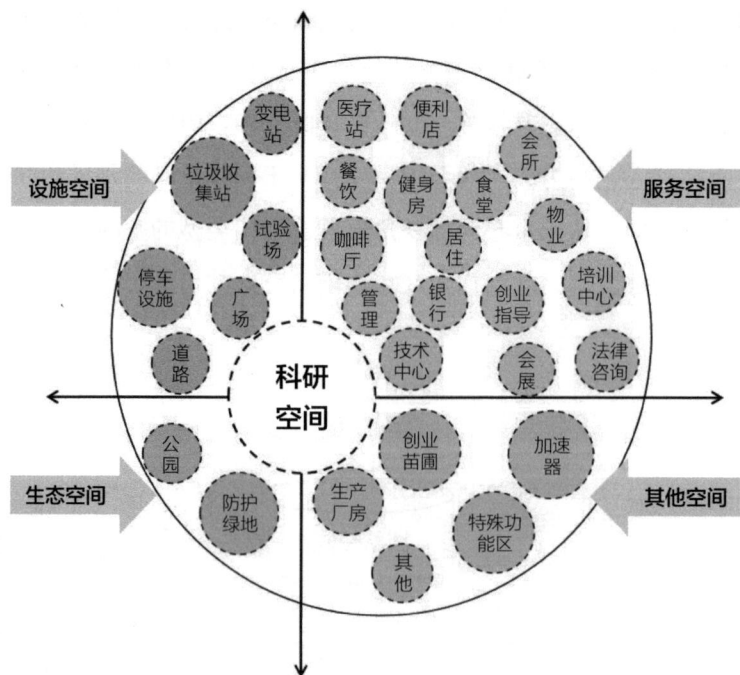

图1-5　城市创新空间内部的功能组成

1.2.5 小结

创新是活动参与者随着时间不断扩展的交互过程，并建立了可以被解释为形成组织、网络、集群，甚至"创新系统"的"关系"。创新人才趋向于年轻化、高学历化，其对所处环境质量的提升、空间趣味性的设计以及休闲娱乐空间、健身空间的配置的要求越来越高，加之创新人才的收入水平相对较高，对居住、就学、就医和环境质量的要求也较为突出，相应地，其所处空间的组织与设计也应与创新人才的群体特征相匹配。本书从创新的"在地性"属性出发，以城市内部承载创新活动、吸纳创新人才、集聚创新主体的创新空间为研究对象，其中，创新活动主要指以科研、技术及其配套服务为代表的生产活动；创新主体是创新活动的凝聚主体和创新人才的功能性载体；创新空间则是集中承载创新活动和创新主体的城市空间。

1.3 基础理论

1.3.1 区域创新发展理论

第二次世界大战后，战争波及国家致力于各自家园的重建，相应地，区域发展理论也逐步走上理论和实践并举的探索之路。20世纪40年代及以前，区域发展理论呈现理想化色彩，形成了以"农业区位论""工业区位论""中心地理论"和"贸易区边界区位论"等为代表的经典理论。50—80年代，城市建设突飞猛进，均衡与非均衡发展的区域发展理论历史性争论也应运而生，平衡增长、增长极、核心—外围、梯度转移等理论出现，且形成了不同的研究学派。此后，全球化浪潮下的区域发展理论呈现出融合现象（李小建，1999年），越来越多相关学科领域的学者介入，加之此时西方国家快速城市化进入尾声，逆城市化现象的出现，体现了关注人本诉求、强调协调可持续发展等区域发展理念。

事实上，区域发展理论的变迁过程始终未曾脱离空间组织这一核心内容，且涉及内容的亦愈发庞杂，并与实践需求的契合程度却越来越高，由此正为当前全球发展实践中备受关注的创新理念赋予了"在地性"，从全球到具体国家、再到城市都是创新活动的空间载体，相应地，创新理论的话语体系在得到拓展的同时，也进一步丰富了区域发展理论的内容体系。在城市这一特定空间层次，其内部各类要素通过集聚与扩散式流动，使得创新活动地由创新核心拓展至整个城市，进一步促进城市创新主体和创新空间体系的成形与成长。

1.3.2 区域创新体系理论

库克于1992年提出区域创新体系概念，指出其是由地理空间上关联的科研机构、生产企业等组成的区域组织，这一组织所形成的体系便于创新的发生。聚焦这一理论，奥迪翁认为区域创新体系是一个庞大的系统，该系统由互相作用的子系统构成，通过子系统内外的互动，从而推动区域创新系统进化；库克亦在后续相关研究中指出区域创新体系强调一定空间范围内创新网络与制度的特定安排；萨玛拉等人指出区域创新系统是制定和实施区域层面的研究与创新政策的关键工具，具有公共政策交互影响性和市场自发发展的特征；塔塔尔加等人结合资本多样性理论，提出了层级区域创新体系的概念，强调了权力的普遍作用。萨卡勒内等指出区域创新系统内创新组织在地理上的空间集聚能够带动技术和知识的探索，并进一步实现知识的有效利用和创新活动的协调组织。

在深入研究并借鉴国外既有研究的基础上，国内学者结合我国具体实践，对区域创新体系的概念和机制展开了许多探讨。例如，李江认为区域创新体系的要求是必须有新要素或新组合进入区域生产体系，其动力源分为主体性要素、资源性要素和环境性要素；彭绪庶等人强调了区域创新体系的主体多元化特征，多元主体、要素之间又通过互补合作机制形成协调的复杂创新生态；陈丛波等人认为不同主体之间的知识联系和获取是区域创新系统演进的决定性因素；中国科技发展战略研究小组认为区域创新体系作为与地区资源相关联，且能够推动创新的特色制度组织网络，旨在推动新科技的产生、更新、流动与转化。

在既有关于区域创新体系研究的基础上，学术界对其概念的认识初步形成了一定的共识，即具有多元性、毗邻性和网络化，其中，多元性指区域创新体系是多种要素共同组合形成的新系统；毗邻性指区域创新体系在特定的地理空间内，带动技术与信息的共享；网络化指该系统中需要创新主体相互协同，要素间相互作用是创新的关键。

1.3.3 创新主体协同理论

政府、企业、科研机构等主体间的协同是创新的重要前提，不同主体在发挥各自作用的同时，应注重跨界合作与交流，其间，中介机构的作用亦不能忽视，如尼尔森等人认为中介机构不仅能够促进产学研之间的合作，还能提供必要的技术支持和服务，促进网络建设和政策指导。创新主体的协同会受到多种因素制约，其中交易成本、资源依赖等是市场规律下不可忽视的影响因素。创新主体各自都在自身所在领域发展并积累了一定优势，逐渐形成优势互补下的分工合作，随着成本降低，收益扩大，进而实现主体协同。由于各创新主体在资源方面拥有不同的优势，如政府在财政支持方面具有优势，企业在市场运营方面具有优势，科研机构则在人才培养方面具有优势，各类主体为了规避各自资源短板，会产生相互依赖。

城市创新主体各自在城市中都会存在一定的集聚和扩散效应，通过协作对地区创新环境塑造以及创新要素聚合起到了促进作用。因此，本书中的创新主体协同是指在城市范围内，创新主体之间通过自身的优势，对地区创新资源不足或者创新水平低下的环境进行协同作用，产生创新要素的流动和集聚，从而实现单个主体无法完成的整体性的创新效用模式。

创新主体协同不仅存在合作机制上的协同，而且存在空间协同。创新主体空间组合同样会对城市创新发展产生作用，利益格局变化会对行为个体产生吸引力，不同个体的空间行为会对城市效益产生不同影响，并影响城市空间组织，从而形成不同空间现象。

1.4　本书研究架构

1.4.1　研究内容

本书以创新空间为对象，在视角上将创新主体发展的"生产性"导向与创新人才的基本生产（就业）与生活诉求进行统筹，进而将创新主体与创新人才的功能性需求过渡到这一特定城市空间——创新空间，遴选相关基础理论，梳理城市创新空间的演化脉络与逻辑，构建城市创新空间研究的人本框架，依次探讨城市创新空间的类型、区位与尺度体系，继而结合具体的创新空间规划实践，揭示城市创新空间规划导控技术框架及内容要点，之后提出保障城市创新空间健康有序发展、科学建设创新城市的政策建议。相应地，形成了四篇主要研究内容，即理论溯源篇、体系建构篇、规划导控篇和政策保障篇，并分11章展开（图1-6），具体陈述如下：

理论溯源篇。该部分重点为城市创新空间体系建构与规划导控研究提供理论与逻辑支撑，并通过相关实践与文献研究进展的评述，提出城市创新空间研究的人本框架。

第1章为绪论。主要陈述城市创新空间研究的形势背景，辨析创新、创新人才、创新主体以及创新空间等概念，遴选相关基础理论，系统设计本书的总体架构。

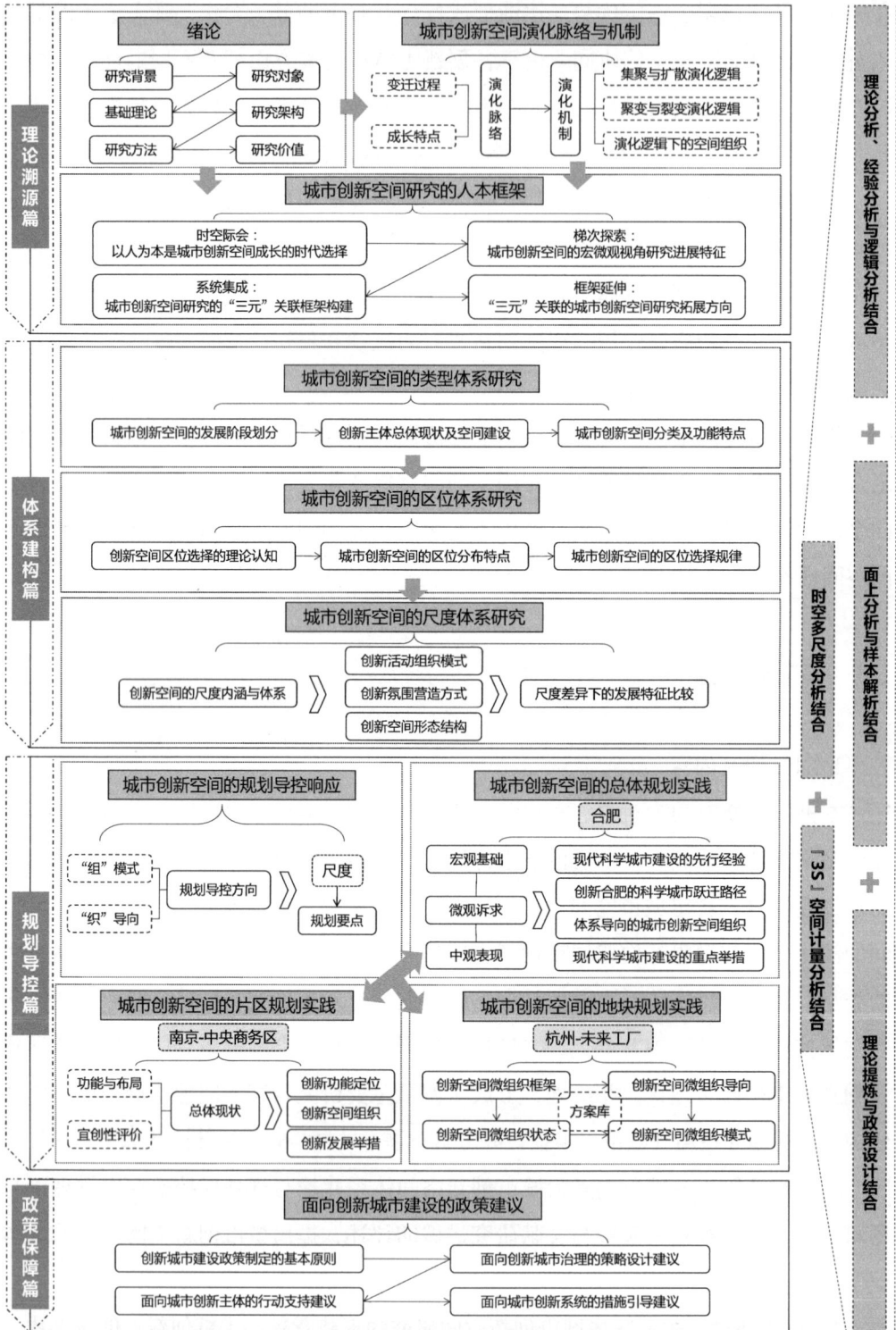

图1-6 本书研究技术路线

第2章为城市创新空间演化脉络与机制。主要通过对城市创新空间变迁过程和成长特点的梳理，确立其作为特定城市空间的成熟性和系统组织的必要性，并选取集聚与扩散、聚变与裂变两对基本逻辑，为城市创新空间的演化及体系建构提供逻辑支撑。

第3章为城市创新空间研究的人本框架。主要评述城市创新空间的相关研究进展，归纳其微观个体的系统性解剖和宏观系统的体系化组织两大研究趋向，构建统摄两大研究趋向和回应当前实践趋势的城市创新空间研究框架，即以人为本的城市创新空间研究"三元"（就业/生产、居住/生活、服务/生活，以下均简称"三元"）关联框架。

体系建构篇。该部分重点从创新空间的功能、区位和尺度等属性出发，以城市创新空间研究的人本框架为指引，建构城市创新空间的类型体系、区位体系和尺度体系。

第4章为城市创新空间的类型体系研究。主要结合城市创新空间的发展阶段，从创新主体入手，梳理总结当前各类创新主体的总体发展特征及空间需求，进而对城市创新空间的类型进行划分，并剖析每类创新空间的功能特点，为后文区位体系和尺度体系建构奠定基础。

第5章为城市创新空间的区位体系研究。主要以区位选择理论为依据，在明确城市创新空间区位研究必要性的同时，梳理当前城市创新空间的区位分布特点及其内部创新主体的区位偏好，并通过相关影响因素的识别与校验，提炼城市创新空间的区位选择规律，进而建构其区位体系。

第6章为城市创新空间的尺度体系研究。主要在城市创新空间的类型体系和区位体系分析基础上，进一步聚焦尺度视角，针对性总结不同尺度城市创新空间的理论与实践渊源，解读其尺度内涵，并从创新活动组织、创新氛围营造和空间形态结构等角度比较不同尺度城市创新空间的发展特征。

规划导控篇。该部分重点聚焦系统引导城市创新空间的有序发展与布局，以类型、区位和尺度体系建构为导向，揭示不同层面创新空间规划导控的技术框架及内容要点。

第7章为城市创新空间的规划导控响应。跳出现阶段城市创新主体的混搭和散搭现象，面对城市创新空间的多类型、多区位以及多尺度现实，协调各类创新主体合理落实于不同创新空间，立足空间，整理空间，明确创新主体有机组合和创新空间科学组织的规划导控方向，并以尺度为抓手，提出相应的规划导控方向。

第8章为城市创新空间的总体规划实践。系统开展城市总体层面的创新空间规划导控技术框架及内容要点实证研究，以合肥市为例，分宏观基础、微观诉求和中观表现三个层次阐述城市创新空间的发展现状，明确城市以创新空间建设和体系建构为目标的具体发展路径，形成城市不同尺度创新空间的组织方案，并提出若干针对性举措。

第9章为城市创新空间的片区规划实践。系统开展城市片区层面的创新空间规划导控技术框架及内容要点实证研究，以南京市江北新区中央商务区为样本，开展宜创性评价、创新功能与布局现状分析以及国际经验比较，提出片区创新功能定位的多方案，并开展多情景分析，进而在此基础上提出创新空间组织方案和若干针对性举措。

第10章为城市创新空间的地块规划实践。系统开展城市地块层面的创新空间规划导控技术框架及内容要点实证研究，以杭州市未来工厂及其周边空间组成的创新空间地块为样本，评估其微组织状态，明确规划指引导向，并提出四类创新空间微组织模式以供地方实践参考，也为当前城市建设未来工厂、重组适配的创新空间提供系统化的新思路。

政策保障篇。该部分重点基于前述城市创新空间体系建构和规划导控结论，从城市治理角度提出支持创新主体、优化创新空间的创新城市科学建设政策建议。

第11章为面向创新城市建设的政策建议。立足前述城市创新空间相关研究结论，从创新城市建设政策制定过程中所要遵循的原则，以及具体面向创新城市治理的策略设计、面向城市创新主体的行动支持和面向城市创新系统的措施引导等四个方面为今后创新城市建设实践提供政策参考建议。

1.4.2 主要观点

（1）创新空间相关研究概念及其关系与逻辑

①创新活动主要指以科研、技术及其配套服务为代表的生产活动；②创新主体是创新活动的凝聚主体和创新人才的功能性载体；③创新空间是集聚创新主体，承载创新活动的特定城市空间，且有着相对突出的经济导向、基本清晰的空间边界、较为集中的活动空间；④城市创新空间组织的演化背后存在着集聚与扩散、聚变与裂变两对基础逻辑。

（2）对城市创新空间研究的总体认知

①城市创新发展与人本理念贯彻亦步亦趋，并逐步嫁接于创新空间的成长过程，使创新空间扮演着引领城市转型发展的旗舰空间角色；②城市创新空间研究是城市创新发展研究的具象化延伸，既有微观视角下的形成与发展系统认知，又有宏观视角下的体系建构与治理引导探索；③本书构建的以人为本的城市创新空间"三元"关联框架，既是当前统摄城市创新空间宏微观视角研究的基本框架，也是系统解读城市创新空间及其体系的核心思路。

（3）城市创新空间发展的三个阶段

①早期衍生于以开发区为代表的大尺度产业空间；②之后广泛增加了以科技园和各类孵化器为代表的专门性创新空间；③后来以企业为主要创新活动单元的小微空间在城市内部广泛蓬勃生长，呈现出了各类创新空间百花齐放、百家争鸣的局面。其间，涉及的创新主体趋于多样化，主要分为技术型创新主体、知识型创新主体以及服务型创新主体三类，且后者相比前两者发展历程短。

（4）城市创新空间的分类体系

城市创新空间根据自身主导功能差异情况以及内部不同创新主体的特点，分为"知识型"和"产业型"两个基本类型，且根据创新空间组织形式的不同，后者可进一步拆分为"分散类"和"集聚类"两个子类。此外，两个基本类型的城市创新空间之间在承载的相关功能类型上，也存在一定差别。

（5）城市创新空间的区位体系

城市创新空间的区位分布普遍存在着"梯度扩散+点状集聚"的特点，从其区位体系建构的导向出发，研究发现其布局受外部宏观环境层、中间（创新）空间组织层、内部微观条件层三个层次因素的影响，且就其布局模式而言，总体可以归结为依托高新技术企业布局、依托智力要素密集区布局、依托要素便捷流通节点地带布局和依托配套服务完备生活区布局四种典型模式。

（6）城市创新空间的尺度体系

创新空间的尺度研究相比于从功能类型、地理区位等体系化视角的研究较少，由此也在一定程度上忽略了不同尺度创新空间在类型划分、发展特征与规划策略等方面的差异。本书梳理形成创新楼宇、创新场所、创新片区和创新城市四个创新空间尺度，并对不同尺度创新空间的内涵进行阐释，指出各自在创新活动组织、创新氛围营造和空间形态结构三个方面存在明显差异。不同尺度创新空间共同构成了城市创新空间系统，且存在着差异化的分工关系。

（7）城市创新空间规划导控的总体方向

创新城市的建设需要对创新主体进行主动引导，并有序调动各类创新要素和形成相关机制予以支撑及保障，而创新空间的组织正是政府引导作用发挥的抓手和突破口，其规划导控的目标在于促进城市创新系统的形成，摆脱或避免既有创新空间之间因空间上相互独立而导致的功能上相互分离的现象，即通过抽象的创新功能关联"链条"形式实现不同类型、区位与尺度的创新空间在城市这一行政层面的管理与统筹。

（8）不同层面创新空间规划的导控要点及框架性内容

①城市创新空间的总体规划重在宏观战略方向和结构体系的指引，需要整合城市创新发展总体需求、创新空间建设现状基础以及不同城市微观主体的共性需求，因势利导设计创新发展总体路径和空间组织方案，并有针对性地采取若干重点行动；②城市创新空间的片区规划重在明确片区在城市内部的创新发展定位和系统的空间嵌套体系，需要对片区全域进行宜创性分析，设计多层次的创新空间相关功能传导原则及框架，科学嫁接自上而下的政府要求和自上而下的微观诉求；③城市创新空间的地块规划重在全面把握地块内部创新主体的综合性需求和形成具体引导方向与方案，需要摸清地块内部同类型创新主体在城市的发展与布局现状，针对典型样本开展地块层面的微组织评估，因地制宜补齐配套短板和引导破解发展瓶颈，丰富城市创新地块微组织方案库，并进行规划导控经验的科学推广。

（9）针对性政策保障建议

创新城市建设政策制定应遵循协调性、差异性和可操作性三大基本原则，认识到创新人才与创新意识是城市创新的源头，创新环境是城市创新活动形成的土壤，只有尽可能地优化整合城市的创新空间与人才和意识培育、环境基础的关系，完善对创新主体的行动支持工具包和积极探索健全城市创新系统的相关举措，才能为创新城市建设创造最佳条件。

1.5 本书研究方法

本书以整体论为基础，采取多学科融合的方法整合模式，一方面系统应用了社会科学学科常规采用的实地踏勘、问卷调查、深度访谈、样本解析以及比较分析、多情景分析、逻辑演绎、归纳推理、拓扑分析等质性研究方法；另一方面借鉴应用了自然科学学科的有关量化分析方法，并与社会科学的量化分析方法交叉运用，综合开展空间自相关、大数据信息采集、计量回归等分析。集中体现为以下五个方面的结合。

1.5.1 理论分析、经验分析与逻辑分析结合

本书采用"一手+二手"资料的整合方式，实现"理论分析+经验分析+逻辑分析"的结合，具体体现为依次在理论溯源篇中引用了城市与区域研究相关领域的经典理论，比较分析了创新空间的有关概念，通过网络平台和实地调研搜集整理了国内实践素材和基础数据，明确了城市创新空间演化逻辑，梳理了国内外相关文献，较为系统地奠定了本书的理论、实践与逻辑分析基础。

1.5.2 面上分析与样本解析结合

本书注重"面上分析+样本解析"的结合，在梳理我国创新主体总体发展现状和创新空间承载功能、区位与尺度（待完善）情况的过程中，既采集了整体面上数据与信息，也针对个案样本（如杭州、南京、合肥等地及其内部的典型片区与地块）做了不同深度的针对性解析，并通过多源数据与多方结论的相互校核，为建设创新城市提供了科学依据和有效支撑。

1.5.3 理论提炼与政策设计结合

本书形成了"实践—理论—实践"的闭合循环，具体体现为从国家创新驱动发展战略和城市发展人本导向出发，基于我国当前城市创新空间发展实践，通过理论追溯和逻辑推演，构建了以人为本的城市创新空间研究"三元"关联框架，探索了城市创新空间的类型、区位和尺度体系，并将其转化为不同尺度创新空间规划的导控方向，且明确了具体的导控内容及要点，从而确保了研究理论与应用价值的有效结合。

1.5.4 时空多尺度分析结合

本书聚焦创新的"在地性"，围绕创新空间这一对象，展开宏观层面城市创新主体分布的空间关系分析、微观层面人群（创新人才）的个体需求与行为分析，在动态把握城市创新空间分布格局、尺度差异的同时深入探讨了其核心内涵，掌握了其内部空间组织模式，明确了在城市空间上的创新集聚与扩散导向，探索了多尺度创新空间的规划导控技术框架，也同步支撑了当前创新城市建设实践。

1.5.5 "3S"空间计量分析结合

本书融合地理学ArcGIS软件、统计学SPSS软件和计量经济学Stata软件，构成空间计量分析方法集：ArcGIS用于城市创新空间分布的因子评价、核密度分析、空间相关性以及可达性评价等；SPSS用于城市创新空间发展的社会属性分析和绩效评价分析，主要包括问卷统计、整理与处理，数据标准化，主成分分析等；Stata用于城市创新发展的因子的提取与比较、面板数据计量回归分析等。

1.6 学术创新

1.6.1 学术思想的创新

一是适时调整了城市创新空间研究的"唯经济"导向。研究秉持新时代城市发展的人本思想，将创新人才的功能性需求和创新主体的发展导向结合，贯穿城市创新空间研究全过程，是对城市创新空间相关理论与实践"唯经济"主流导向的适时性突破。

二是系统探索了城市创新空间研究的时代性话语体系。新常态下人本要义"接棒"唯经济增长论，在国家创新驱动战略加持下，创新空间成为我国以人为本的城市转型发展道路上的关键性旗舰空间，为此，本书从其功能、区位和尺度三大属性出发，开展城市创新空间体系研究，是对城市创新空间研究时代性话语体系建设的系统性探索。

三是设计和执行了城市创新空间的理论与实践研究结合方案。城市创新空间体系建构和规划导控分别是城市创新空间理论完善与实践总结的集中体现，本书将理论研究结论及方法通过具体样本进行了规划实践应用反馈，并揭示了规划导控的技术框架及内容要点，较为科学地设计和执行了城市创新空间的理论与实践研究结合方案。

1.6.2 研究方法的创新

一是采用了多学科方法整合模式开展城市创新空间研究。城市创新空间的研究涉及管理学、经济学、社会学、地理学、城乡规划学、建筑学等多个学科，但既有文献在相关研究方法整合方面缺少相关执行实践，为此，本书尝试采用跨学科方法整合模式，在通篇"理论—实践—政策"分析过程中，较为全面地运用了各学科成熟的质性与量化研究方法。

二是聚焦创新空间的时空多尺度特点设计方法整合思路。城市创新空间的演化脉络、创新主体的动态变迁、创新人才的共性需求把握以及创新空间自身的类型、区位与尺度差异等分析具有典型的时空多尺度特点，为此，本书分宏观、中观、微观三个层次设计相关方法整合思路，开展针对人才、主体和空间载体的系统分析，为科学统筹和推广城市创新空间相关研究方法提供了参考性方案。

三是探索性地开展了空间计量分析方法集的分析链嫁接。城市创新空间的研究涉及创新主体的空间分布密度与自相关性分析、创新人才主观需求的转化与客观创新绩效的评估以及二者背后相关因子的提取与因果关系判断这一分析链，为此，本书借助ArcGIS、SPSS和Stata软件，构建了"3S"空间计量分析方法集，为系统把握城市创新空间形成与发展规律提供了有效分析途径。

1.7 研究价值

1.7.1 理论价值

一是为完善以人为本的城市创新空间研究理论体系提供了系统的建设性成果。本书通过系统认知和辨析创新空间的相关概念，以经典理论为支撑，确立了城市创新空间组织演化的集聚与扩散、聚变与裂变两对基本逻辑，提出了城市创新空间研究的人本框架，进而依次建构了城市创新空间类型、区位与尺度体系，完善了城市创新空间研究理论体系，构建了以创新空间为对象的城市创新研究子系统。

二是为多学科研究方法的整合应用提供了可行的操作思路。本书在运用多学科成熟的质性与量化研究方法基础上，着重系统地设计了宏中微三个层次的相关方法整合方案以及空间计量分析链，开展了对创新人才、主体及空间的全方位解析，构建了"3S"空间计量分析方法集，为城市创新空间相关研究方法整合提供了具体的操作思路。

1.7.2 实践价值

一是为城市提升创新主体聚合能力和创新人才吸引力指明了方向。本书通过面上分析和样本分析梳理了当前各类创新主体的发展现状和创新人才的需求现状，总结了面向二者的空间建设要点，对于城市科学开展创新空间建设具有明确应用价值。

二是为城市创新空间科学组织与布局提供了具体的规划导控方案。本书在城市创新空间体系建构基础上，聚焦城市创新空间组织与布局，明确了城市创新空间规划的总体导向，揭示了城市内部不同层面创新空间规划导控要点。

三是为高效打造创新城市提供了具有实操性的参考依据。本书基于对城市创新空间体系建构与规划导控的分析结论，提出了创新城市打造的政策制定原则以及具体治理策略，且尤其针对性地关注了创新主体培育和创新系统建设等行动重点。

第 2 章　城市创新空间演化脉络与机制

　　所有城市空间的成形都由其内部的矢量属性和自身功能属性组成，创新空间亦是如此，其以承载创新活动为主体功能，就上述属性而言，前者对应的是其在城市中的特定区位与尺度，后者对应的是其所承载的创新活动集聚产生的创新成果。我国自改革开放以来，从早期以来料加工和来样装配为代表的技术引进式工业化，到强调规模的消化集成再创新式产业集群建设，再到强调自主创新和品牌技术环节上下游双向拓展的价值链追求，创新活动贯穿其全过程，创新空间这一概念也逐渐在城市发展进程中被予以确立，并渐趋成熟化和系统化。

2.1　城市创新空间的演化脉络

2.1.1　城市创新空间的变迁过程

　　改革开放之后，园区概念兴起，并以电子、化工、机械以及新材料行业为主，推动了我国经济的高速发展，取得诸多发展成效，但也带来了业态重合度高、低水平生产、技术交流匮乏等问题。由此，转型升级、开发区再开发、产城融合等理念逐步进入城市创新发展视野。相应地，创新空间如雨后春笋般成长，传统产业园区开始审视自身的发展路径，进入脱胎换骨的创新发展之路。以北京中关村为例，最初主要依靠中国科学院（以下简称"中科院"）各研究所和北京大学、清华大学等高校衍生出的相关企业不断发展，随着经济社会发展阶段的变化以及国家政策环境的持续支持（表2-1），中关村的空间范围逐渐扩大，从早期的电子一条街到如今一区多园的空间分布格局，形成了稳定的创新环境和创业环境。

改革开放以来国家对中关村的政策支持要点　　　　　　表 2-1

时间	政策要点
1988年5月	国务院批准成立北京新技术产业开发试验区
1999年6月	国务院要求加快建设中关村科技园区
2005年8月	国务院做出关于支持做强中关村科技园区的决策
2009年3月	国务院批复建设中关村国家自主创新示范区，要求把中关村建设成为具有全球影响力的科技创新中心
2011年1月	国务院批复同意《中关村国家自主创新示范区发展规划纲要（2011—2020年）》
2012年10月	国务院批复同意调整中关村国家自主创新示范区空间规模和布局，成为中关村发展新的重大里程碑

　　作为最早一批"创新空间"的中关村，其历史变迁受到了技术变革、产业发展和政府作用等多方面因素的共同影响，且在不同的历史阶段又呈现出不同的特征。从功能与空间形态发展匹配的情况来看，大致可以划分为四个发展阶段，即空间形态落后于功能发展阶段（1980—1988年）、空间形态与功能同步发展阶段（1988—2009年）、功能发展快于空间形态发展阶段（2009—2017年）、功能与空间形态同步发展阶段（2017年至今），且在不同进化阶段表现出不同的发展特征（表2-2）。整体而言，功能的不断更新对其空间塑造提出了更高的要求，而功能的更新背后是创新人才与创新主体需求的变化，创新空间必须不断进化方能适应不同时期的创新主体需求和完成自身功能的进阶。

中关村科技城进化脉络与特征　　　　　　表 2-2

发展阶段	空间形态落后于功能发展阶段（1980—1988年）	空间形态与功能同步发展阶段（1988—2009年）	功能发展快于空间形态发展阶段（2009—2017年）	功能与空间形态同步发展阶段（2017年至今）
功能发展	生产功能	生产生活基本配套功能	满足生活的复合型功能	除复合型功能外，优化居住功能
产业构成	劳动密集型	科技、技术密集型、服务业	科技、技术密集型，先进制造业型、互联网、服务业	科技创新、文化创意型、高精尖、金融型创新产业类型
城市空间秩序	空间秩序层级低，无法满足生活需求	基本满足生活需求、便利性较差	基本满足生活需求、注重以人为本	空间秩序层级高，具备较完备城市功能

路网形态	路网密度低、地块尺度大	密路网、小街区模式，立体交通网	密路网、小街区模式，交通问题明显	密路网、小街区模式，智能交通系统
建筑形态	行列式布局，无统一建筑风格	统一规划，围合式布局，风格统一	形态、风格统一，城市空间形象完整	统一并且灵活性强，注重生态
景观开放空间	无塑造	少量塑造，功能性弱	景观优化，开放空间利用率低	绿地景观缺乏维护，开放空间利用率低

　　园区承载的功能日渐多元，早期的规范理论及其抽象模式在指导发展实践方面表现乏力，相关研究也逐步摆脱"唯经济效益论"初衷。世界范围内因发展形势与理念的变化也呈现出了学科发展大融合趋向，以关注人本诉求、注重协调可持续发展理念等为研究着眼点相继展开探讨，其间既产生了可持续发展理论、竞争优势理论、产业集群理论等跨学科融合性理论，也唤起了对创新发展理论、产品生命周期理论等经典理论的回溯，这对创新空间概念的兴起以及建设实践的关注有着重要的启示与指导作用。

　　自我国"十一五"期间提出"致力于建设创新型国家"后，国务院在《2008年工作要点》中将自主创新与改革开放并列纳入年度工作总要求，并发布《关于深化科技体制改革加快国家创新体系建设的意见》，可见我国对于"创新"的重视程度，此后的相关政策文件发布数量更是显著增加，在2014年9月的达沃斯论坛上更是形成了"大众创业、万众创新"这一关键词；同时，在首届世界互联网大会、国务院常务会议和2015年《政府工作报告》中，这一关键词被频频阐释；2018年9月，国务院发布《关于推动创新创业高质量发展打造"双创"升级版的意见》，"双创"成为该年度经济类十大流行语；此间，在实践中广泛出现了"众创空间"这一打破传统创新活动承载空间的概念，例如，北京市依托国家高新区、科技企业孵化器、高校和科研院所等丰富的科技创新创业资源，成为我国众创空间发展最快的城市。除北京以外，在上海、深圳、杭州、南京、武汉、苏州、成都等创新创业氛围较为活跃的地区也都逐渐涌现了一大批各具特色的众创空间，如上海的新车间、深圳的柴火创客空间、杭州的洋葱胶囊、南京的创客空间等。

2015年部分城市众创空间建设情况报道材料汇总

❖ 天津市已建和在建的众创空间数量超过了30个，根据众创空间运营规模的不同，分为创新型孵化器、创客工厂、虚拟非正式空间和高校双创基地四类。

❖ 上海市各区县的众创空间在2015年以来不断扩容，有包括起点创业营、苏河汇、启创中国等在内的60余家众创空间，还有创业苗圃71家，累计预孵项目5300多个；市级孵化器107家，其中民营孵化器33家，占比30.8%；专业性孵化器77家，占比70%；在孵企业6300多家，企业2000多家，此外还有加速器13个。

❖ 南京市市级以上科技企业孵化器有142家（其中国家级20家、省级43家），总孵化面积502万㎡，在孵企业7178家，总收入237.7亿元，已毕业企业1600家。

❖ 杭州市的杭州高新区为杭州创建国家级自主创新示范区的核心区域，拥有市级以上孵化器13家和创新型孵化器10家，其中阿里百川创业基地和腾讯创意基地也将于近期开张。该区可用于孵化面积已超130万㎡，在孵企业1000余家，涌现出了各种新型的"众创空间"，如天使湾创投、贝壳社、睿洋联创工场、"5050计划"加速器、天和科技园、NGO西湖创客汇、王道电子商务、洋葱胶囊、B座12楼等，也成为杭州的知名众创空间。杭州市的基金小镇、梦想小镇、云栖小镇、财富小镇、机器人小镇等也是著名的创客汇聚区。在对投融资支持方面，杭州的创投引导基金、天使引导基金已投资40多个子基金，基金规模达到45亿元，投资项目200多个。

❖ 深圳市南山区的国际创新驿站、中科创客学院以及清华大学I-SPACE创新创业空间在2014年相继挂牌成立，深圳国际创客中心在2015年挂牌成立；龙岗区结合工业区改造也布局了一批"创客空间"。

❖ 武汉市已建（含在建）的众创空间达40家。武汉梦想家移动互联孵化器、光谷创库咖啡、武汉去创吧、光谷DEMO咖啡、光谷青桐汇等14家新型孵化器获评国家级科技企业孵化器。

❖ 重庆市和众创空间功能类似、用于孵化中小微企业的平台，目前主要包括两类：一是楼宇产业园，目前建成总建筑面积超过1000万㎡，入驻企业约3000家；二是微企孵化园和微企特色村，目前共有207个，入驻了9315户微企。

❖ 成都市正在加快构建众创空间，十分咖啡、蓉创茶馆、8号平台、成都创客坊等10家首批"成都市众创空间"，5月已经正式授牌。

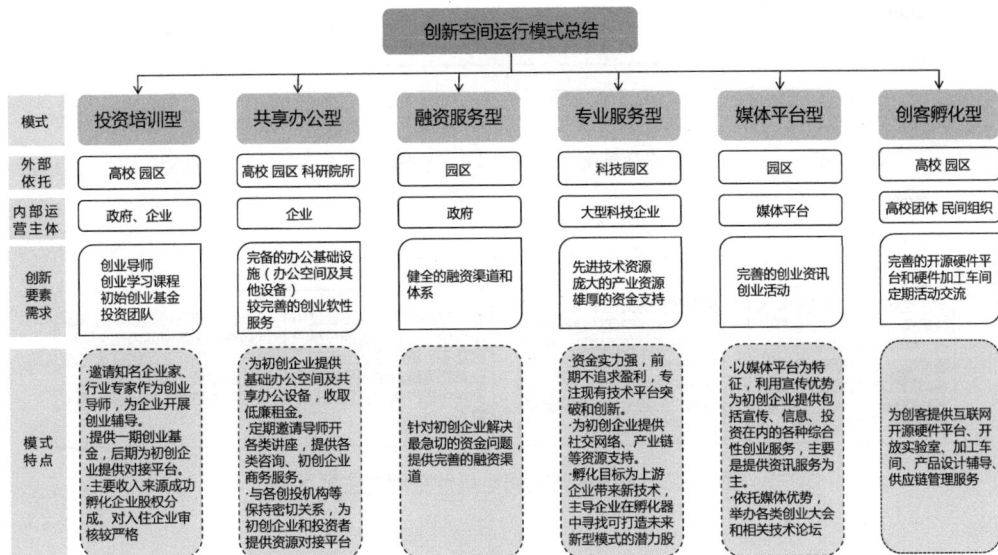

图2-1 创新空间运行模式总结

众创空间遍地开花的同时，科技园、孵化器等早期城市创新空间也广泛开展了运行模式变革，形成了多样化的城市创新空间运行模式（图2-1）。

2.1.2 城市创新空间的成长特点

创新主体的集聚是驱动创新空间形成和发展的内在动因，其有赖于科技、人力和物质等资源基础。创新主体集聚有助于实现效益的最大化，一方面，资源的配置形式和比重会影响创新主体的区位选择和规模比例；另一方面，发达的网络体系资源作为集群效应转化的平台，可以使不同创新主体发挥自身的优势，联动其他类型主体的资源，通过优劣势互补，使得总体效益放大，相应地，各类创新主体也会从中获得收益。除此之外，良好的生活环境、工作环境以及稳定的地区政治、经济和文化环境保障，也是创新空间形成与发展重要原因。正因如此，城市创新空间与其他空间也逐渐区别开来，并形成了自身的典型特点（图2-2）。

在区位分布方面，创新空间应位于城市中心城区和发展较为成熟的生产与生活组团或节点周边，需要满足交通便利、配套服务及设施齐全，靠近医疗卫生、商业和科教设施，环境优良，职住公交通勤时间16~30分钟的区间内等需求；在功能配套方面，应配备健身、餐饮、安防、通信、物业、停车等设施（图2-3）。除以上基

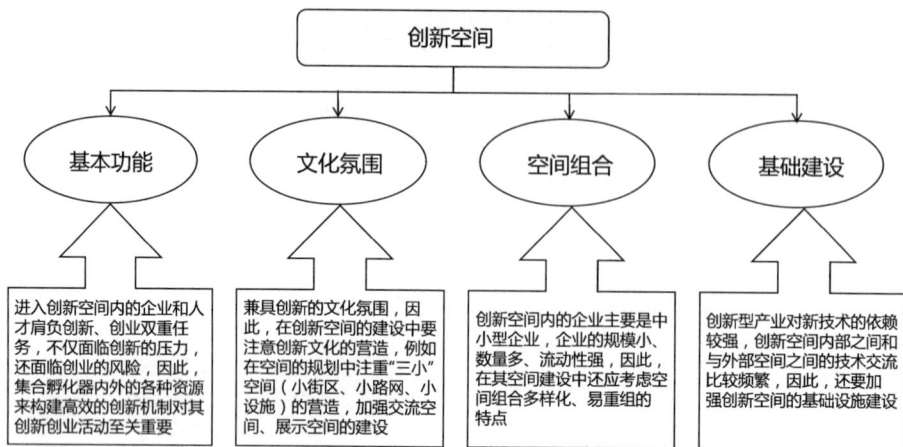

图 2-2　城市创新空间与其他空间的主要区别

进入创新空间内的企业和人才肩负创新、创业双重任务，不仅面临创新的压力，还面临创业的风险，因此，集合孵化器内外的各种资源来构建高效的创新机制对其创新创业活动至关重要

兼具创新的文化氛围，因此，在创新空间的建设中要注意创新文化的营造，例如在空间的规划中注重"三小"空间（小街区、小路网、小设施）的营造，加强交流空间、展示空间的建设

创新空间内的企业主要是中小型企业，企业的规模小、数量多、流动性强，因此，在其空间建设中还应考虑空间组合多样化、易重组的特点

创新型产业对新技术的依赖较强，创新空间内部之间和与外部空间之间的技术交流比较频繁，因此，还要加强创新空间的基础设施建设

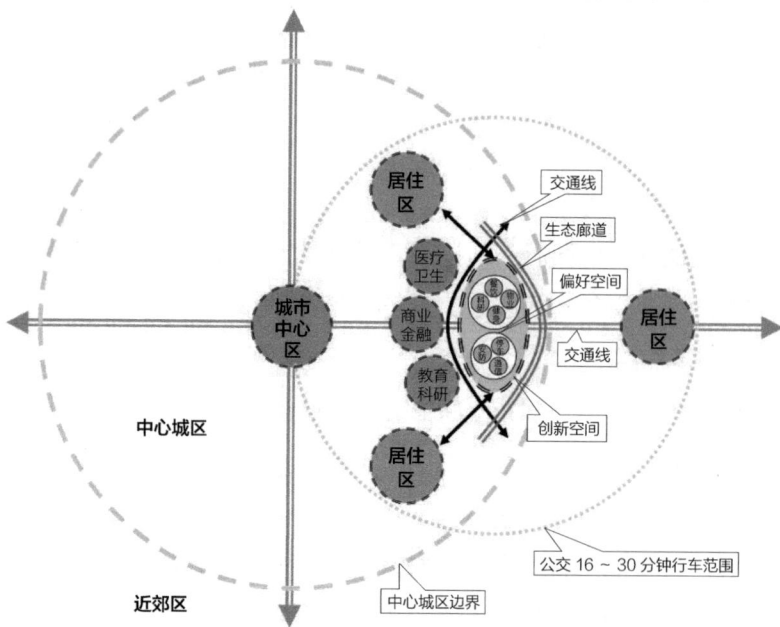

图 2-3　创新空间一般布局模式图

础需求外，创新空间自身及其所在城市还应具有充分的个人发展前景、优厚的企业待遇、先进的创新平台、完善的人才引进政策以及浓厚的创新氛围。进一步地，对比不同创新空间的内部功能体系的完善程度以及空间结构情况，亦会发现，不同创新空间之间存在着一定的区别与联系（图2-4、图2-5）。

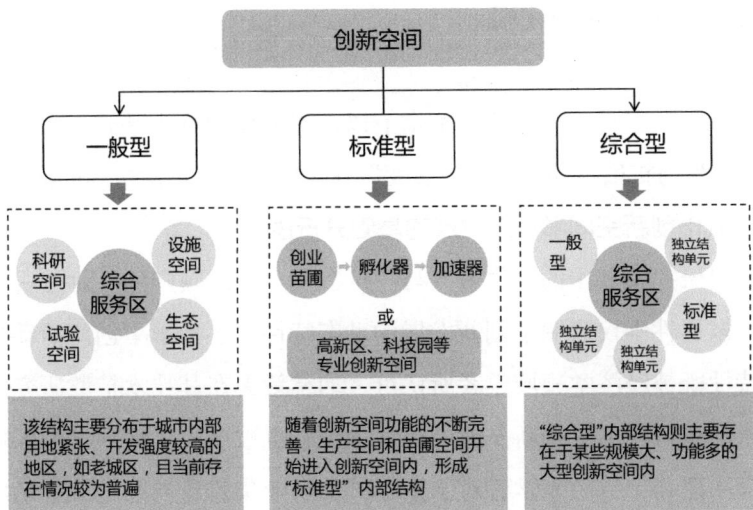

图 2-4　创新空间的功能体系差异

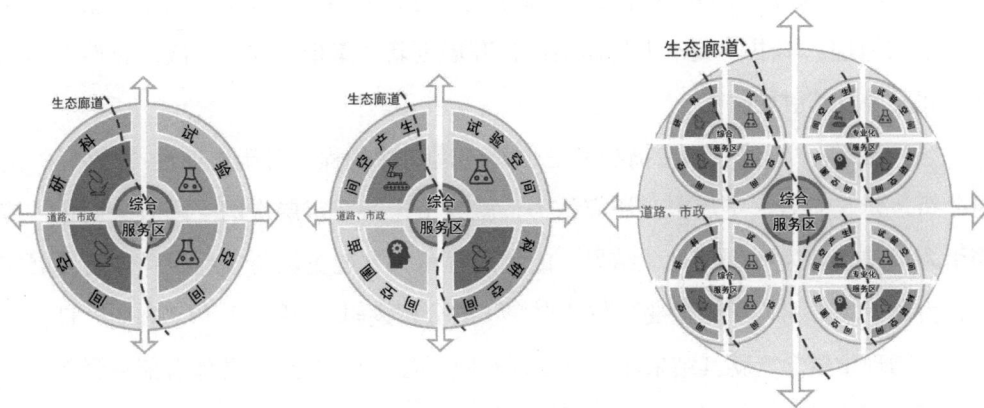

图 2-5　不同的创新空间内部结构示意图

在我国创新驱动发展战略以及创新体系建设的宏观形势下，创新主体的数量将会继续增长，同时，创新主体之间的合作机制也会不断完善，总体规模会在现有基础上再次扩大。以往创新主体的在地性成长主要依赖市场导向以及政府决策，空间规划中缺少有效的分类引导，总体规划层面对于创新主体缺少相应的关注，缺乏正确的规划方法，由此也提出了建构系统的城市创新主体及其承载空间的规划导控方案，为科学建设创新城市提供依据的现实研究需求。

2.2 城市创新空间的演化机制

针对城市创新空间这一对象，本章节以现实演化脉络为基础，联动前述基础理论，采用"集聚与扩散"和"聚变与裂变"作为阐释城市创新空间的演化逻辑。

2.2.1 城市创新空间形成与发展的基础分析逻辑

区域发展研究领域中的"集聚"与"扩散"是应用颇广的一对分析逻辑。创新的集聚与扩散属性不仅表明了创新发展的动态特性，还预示了创新活动的周期性演变，此种特性既被经济学领域学者所认可，如林毅夫在其技术扩散研究中借助对扩散影响因素的探讨映射了创新发展周期性理论；也被纳入了地理学的区域增长理论体系，如李小建和宁越敏等学者对于中心城市产业集聚、空间扩散等话题的研究。需要指出的是，基于特定空间层次范围研究创新在同质或是异质空间的"集"与"散"及其演替关系才具有明确意义。基于此考虑，并结合前文对于城市创新空间演化脉络的梳理，本书以城市为具体层次，开展创新"集聚"与"扩散"属性下的创新空间发展及其引导研究。

"集聚"与"扩散"侧重描绘的是创新的周期性过程，对于周期性"结果"，这对分析逻辑又有着一定局限。研究认为，就城市这一特定层次的空间对象而言，应当引入反映创新发展周期性"结果"的空间视角，方能更加科学地演绎创新发展实践，为此，本书引入了"聚变"与"裂变"的分析逻辑。"聚变"和"裂变"最初被运用于物理学概念，就其结果而言，分别对应"合"与"分"，并伴有能量释放，且在区域发展研究领域亦有对此逻辑的相关应用（杜世光，2022年）。在城市内部，创新活动的演进及其承载空间的变化也呈现出"合"与"分"结果，直观表现即是城市以中心城区为核心，作为创新的策源地和核心驱动力，集聚了多元化的创新要素，实现创新能力自升级，与聚变逻辑相对应；同时，中心城区与外围组团、节点之间的要素流动也会带来创新成果的产生，形成连锁效应，结果则是城市内部形成了多个创新源。

2.2.2 基础分析逻辑下的城市创新空间演化机制

在"集聚与扩散"和"聚变与裂变"两对创新空间演化基础逻辑中，创新主体是凝聚创新活动、吸纳创新人才的功能载体；创新空间的形成和发展作为创新主体空间组织实践结果的集中呈现，其背后则是创新主体的自组织机制以及城市创新系统机制、创新集群机制和多主体协同机制。

（1）自组织机制

自组织（self-organization）是客观世界存在的一类组织现象。"自组织"这一概念最早是由近代德国哲学家康德从哲学角度提出的，指一个系统内部各个部分的相互依存性，其通过相互作用而存在、成长，又通过相互作用而联结成为整体。从康德的概念中可以总结出自组织机制的几点特征：首先，这种机制不是一个独立的个体，而是在一个系统中；其次，这种机制之间具有互相合作和依赖性；再次，这种机制具有一定的目的性。创新主体在整个活动中表现出与自组织相类似的特征，正是这三点特征将城市创新空间的演化机制进一步阐释为城市创新体系机制、创新集群机制和多主体协同机制。

（2）城市创新系统机制

最能直接体现出城市创新系统机制的是由库克教授提出的区域创新体系理论，该理论直接表达出创新主体是一个组织体系内的构成体，即地理上相互分工与关联的生产企业、研究机构和高等教育机构等构成的区域性组织体系，且这种体系支持并产生创新。区域创新系统本身就是一个复杂的演化过程，各类主体在不同的区域环境中与不同的要素发生着各类经济活动。如果从区域创新体系的基本模式来看，创新主体并不是独立地存在于活动中，而是彼此互相扶持和牵制，并在城市创新系统机制的作用下不断实现自身价值和扩大影响力，从而形成城市范围内主体自身演化的模式和结果。

（3）创新集群机制

创新主体在基于区域创新体系的机制作用下会呈现出较为显著的空间效应和经济效应，而具体的空间表现形式是创新集群的产生。创新集群的演化机制也同时带动创新主体承载空间的演化。创新集群演化动力生成机制主要在于以技术创新为导向诱导市场竞争，从而实现对市场竞争的强化。在分析技术对创新集群的意义中，费尔德曼和奥德兹（1999年）的研究提出了技术的专门化外部性以及资源互补性对于创新集群的重要意义。除此之外，技术创新扩散在空间上表现出技术创新聚集并由此向外围区域扩散的过程。创新集群具有一定的地域性，在地方企业地理集聚过程中，企业联系和规模结构会对地方竞争力产生影响，相关企业及其支持性机构在一些地方靠近而集结成群，产生有机联系，彼此获益的同时也会使该地域获得整体竞争优势。

（4）多主体协同机制

无论是自组织机制、城市创新系统机制还是创新集聚机制，在对创新主体的空间演化中都支持了创新主体的非单一性，即多类主体共同参与，同时，在积极的体系作用下，其参与形式表现为互相协作而非各自为战。因此，主体在空间演化过程中必然存在着多主体的协同机制。协同机制的原型来自于哈肯创立的"协同学"理论（synergetic theory），该理论的核心思想是在复杂的体系中，各类子系统的协同行为超越了单独作用效应，从而形成针对整个系统的联合作用效应。城市多主体协同表现在官产学研的合作机制中，政府的调控和约束机制与企业和高校等机构在学习和博弈的过程中，不断演化形成彼此之间的信任关系和各种约束力的协议等，以建立城市内部创新主体之间长期、稳定的协作关系为目标。因此，在城市创新空间演化过程中，受到政策、经济以及环境的多重影响，企业及其他创新主体同样会在地理空间层面做出相应的调整，从而满足利益的最大化，达到协同合作的多重均衡。

第3章 城市创新空间研究的人本框架

新常态下人本要义接棒唯经济增长论，并伴随国家转型发展信号的持续释放和当代城市人本发展的主题，创新发展已成为从国家层面到地方层面被积极落实的核心战略，创新空间作为创新活动的载体和城市空间的有机组成部分，以及协调创新人群生产与生活人本需求的集合体，在注入人本内涵的同时，也呈现出类型多样化、内涵高端化、配套精细化、分布广泛化的发展态势。

3.1 时空际会：以人为本是城市创新空间成长的时代选择

2015年召开的中央城市工作会议距离上一轮会议已有30余年，当代城市的发展主题也于此时予以确立，即城市发展要贯彻创新、协调、绿色、开放、共享的新发展理念，坚持以人为本。在近年来的国家政府工作报告中，"创新"一词的出现频次整体呈上升趋势，成为反映国家发展方向的高频关键词，关联词汇涵盖创新主体、创新理念、创新体制与创新政策等内容，相关篇幅和深度持续增加，创新这一支撑国家经济发展的原动力角色渐趋凸显，并逐渐从推动社会发展的幕后走到台前，被大众所广泛认知和理解；与此同时，反映民生领域发展的人本类词汇也逐渐同步频繁出现在国家历版政府工作报告中，频次在2000—2017年稳定增长，之后大幅上升，涵盖"就业""服务""居住""住房"等话题，民生福祉也已成为我国当代发展的主题（图3-1）。

时处国家经济转型发展周期与城市空间存量优化阶段，与城市空间承载人的各类活动角色一致，创新空间以承载创新人群的创新活动为主要特色，并伴随城市发展主题的明确，其协调创新人群生产与生活需求的角色正是对上述要义及理念的集中反映，且就实际情况而言，创新人群通常对于城市的生产与生活条件有着敏感的嗅觉，当前城市在转型发展进程中越来越强调适应创新人群需求的创新生态培育，反馈到创新空间的成长上，即是对于创新人群生产与生活需求的重视和回应，从

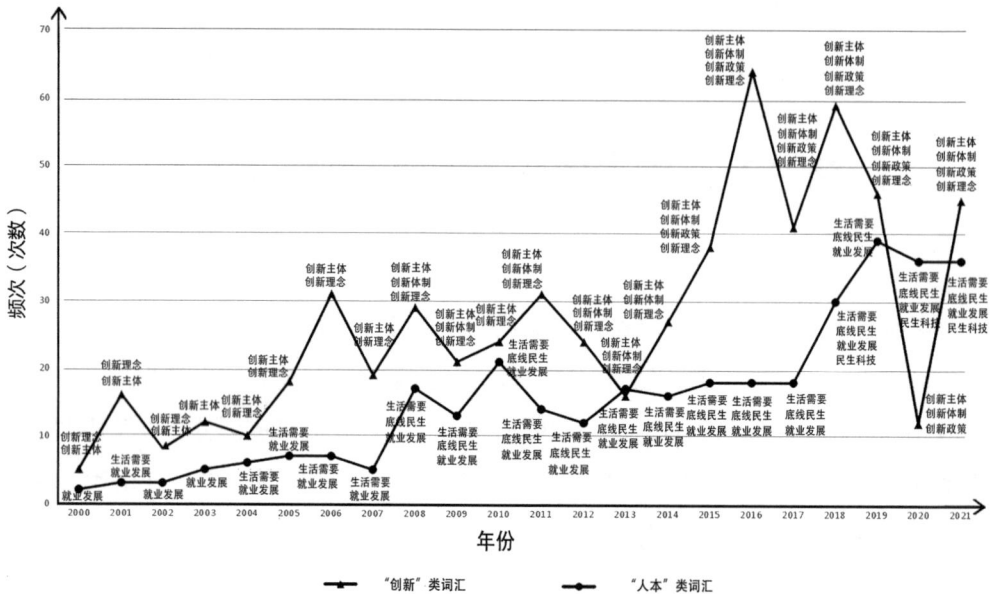

图 3-1　国家历年政府工作报告中的关键词检索情况

资料来源：根据2000—2021年国家政府工作报告自绘

人本视角来看，也是对创新空间在诸多城市空间类型中引领城市转型旗舰角色的肯定。由此可见，以系统化的创新空间作为主体推动我国创新型国家建设的道路业已明确，且随着创新空间重要性和独立性的加强，作为系统化的内容被引入城市发展、建设和规划实践以及城市空间研究体系已颇为必要。

3.2　梯次探索：城市创新空间的宏微观视角研究进展特征

3.2.1　创新研究对象的具象化：创新空间研究酝酿

创新发展作为我国自上而下贯彻的重要理念，涉及城市发展的诸多方面，进入21世纪之后，结合地方实践，形成了关于创新城市认知和建设引导的丰富研究成果。例如，邹德慈认为创新城市应该包括产业创新、基础设施和城市政府管理能力；马晓强则认为创新城市由创新资源、创新机构、创新环境和创新机制四个基本要素构成。创新城市的发展评价类研究紧随其后，相关学者如王仁祥和邓平（2008年）、石忆邵和卜海燕（2008年）、谢科范等（2009年）、丰志勇（2012

年）等，通过构建评价指标体系，尝试探索了与我国国情相适应的创新城市发展路径。

随着地方创新发展实践的广泛开展和深入推进，城市创新发展研究在空间上越来越具象化，由此，创新空间作为各类创新主体及其活动的承载空间，成为地方创新发展的抓手和后续理论研究的聚焦对象亦是必然，尤其是在2014年国家明确"大众创业、万众创新"导向后，根据中国知网检索结果（截至2021年末），直接以创新空间为研究对象的文献在2014年快速增加，之后数量大幅增长，并逐步趋于稳定。聚焦到城市发展相关领域的创新空间研究，这一情况更为明显。以城乡规划领域为例，相关文献数量以及高被引成果的引证文献数量增速更快，且自2014年之后历届中国城市规划年会均有针对创新空间的研究成果讨论，由此也反映了近年来创新空间作为研究对象被高度关注的现实。

3.2.2 聚焦微观个体：城市创新空间的系统性解剖

国外学者较早对城市创新空间的理论内涵进行了探讨，提出了"科技极"（technopole）、"新产业区"（new industrial district）等比较有代表性的城市创新空间概念。近年来，美国等一些西方国家出现了"创新回归城市"现象，"创新区"（innovation district）的概念也由此而生，并得到了众多学者的进一步阐述与探讨。

就国内学者近年来针对城市创新空间研究的时序而言，基于国外对城市创新空间内涵解读的进展，相关文献以微观视角的概念界定以及针对性的形成与发展机制解析出现最早，且总体表现出以下两方面趋势：

一方面，对创新空间概念的界定愈加明确，并在范畴上统筹纳入了丰富多样的载体，包括以开展专业化研究为主的知识型空间，如依托重大研发机构、高校等建立的重点实验室，以及以发展高新技术产业或培育创新企业为主的产业型空间，如科技（科创）园、孵化器、加速器、生产力促进中心、科研工作站、企业研发中心等。

另一方面，对于创新空间形成和发展的认知越来越深入，如龚嘉佳（2020年）认为创新空间的形成并非一个简单的自上而下的过程，而是多角色共同参与的过程。创新空间本身作为特定的城市空间类型，具有"促成质变""培养筛选""提升效率"和"孵化规模"等针对性功能，其自身的建设目的、评价标准和发展模式也随时代发展而发生变化，如陈军等（2017年）以北京为案例，指出创新空间经历了校区空间、园区空间、产学研一体化三个发展阶段；鲍宇廷（2021年）从生命周期角度解析了城市创新空间的演化脉络，分析了其在不同阶段的组织方式与形态特征。

3.2.3　关注宏观系统：城市创新空间的体系化组织

"创新"作为国家和地方发展的时代性理念应用于经济发展实践，伴随发展阶段的跃迁，相关研究对其系统性也愈发关注。国外创新发展研究中也存在类似的情况，且曾展开较长时间的讨论。自20世纪90年代弗里曼、库克、阿什海姆和伊萨克森等人提出创新系统以来，国内外学者从联盟、集群、共生等不同视角对创新系统进行了广泛研究，涉及企业、产业、城市等不同对象，以期更加科学地构建创新体系，指导城市创新发展实践。

创新体系研究在空间上的具象化则表现为完整的创新空间体系建构逐步成为城市创新发展引导绕不开的愿景。而与国际先发国家和地区的情况不同，我国的城市创新空间体系研究有着更为突出的实践导向性，且相关研究与实践亦步亦趋，涉及城市创新空间的总体特征、布局结构、空间治理等发展指引相关内容，并以城市宏观视角的规律总结和政策建议为主要研究导向。例如，陈东炜等（2019年）结合多个年份的截面数据刻画了深圳城市创新空间布局结构的时空演化过程，并探讨了城市创新空间布局结构的演变机制；王纪武等（2020年）利用专利授权数据解析了杭州市创新空间的分布格局，指出多中心、片段化集聚是其总体特征；张京祥、周子航（2021年）明确了具有高级化与集群化特征的创新行为锚定与城市创新空间供给的关系，并概括探讨了城市创新空间供给的制度环境。

在城市整体层面的创新空间宏观视角的研究基础上，尽管部分研究将范围进一步扩展到了区域层面，且区域层面的创新空间研究承继了区域创新系统研究的"体系化"要求，以区域内部单元的创新联系、创新能力以及区域创新发展的宏观指引为主要关注内容，但与城市层面的创新空间研究有着明显的不同，多是强调"点—线—面"的统筹分析，并通常将城市作为基础分析单元，未能有效反馈创新空间自身的"尺度"属性，创新空间形成和发展的相关链条机制也相应难以反映，在一定程度上降低了对于创新空间体系成长和演变机制研究的说服力。

3.2.4　小结

概言之，城市创新发展研究经历了从理念到功能、再到空间的演绎过程，创新空间的概念及内涵也伴随这一过程而逐步得到认可和关注。目前，相关研究从微观视角出发已经认识到这类空间本身的多样性和多变性，并从城市整体层面和宏观视角关注到创新空间体系建构及演绎的理论与实践价值，但总体而言，缺少将城市创新空间宏微观研究视角系统结合的基础逻辑。尽管部分文献关注到了城市内部不同板块、不同类型以及不同典型个案创新空间之间的差异性，但并未形成统摄宏微观视角的基本框架，如朱凯（2015年）将城市创新主体的布局模式按照核心区和边缘区两个地带进行了区分和归类，李健（2016年）和李凌月等（2021年）指出创新空间与城市结构具有耦合性且成长因素各异等。

3.3　系统集成：城市创新空间研究的"三元"关联框架构建

3.3.1　城市创新空间研究系统集成的"三元"关联框架

回溯现有针对城市创新空间的研究进展，对于宏观视角下广域层面的创新空间群体，其位置、数量与质量能够反映不同空间单元（城市、区域乃至国家）的创新能力强弱、创新联系以及单元内部和单元之间的创新格局；聚焦到微观视角下的创新空间个体，其又被解剖为承载城市创新活动、兼有经济社会与物质属性的空间载体。二者均立足于创新空间作为城市空间的组成部分，在城市内部有着"区位"和"尺度"属性，且与其他类型城市空间既有功能上的联系，也有布局上的耦合。

需要指出的是，创新空间是创新活动的发生地，也是创新人才的就业空间，人的各类生活与生产活动的演化形成了就业、居住和服务三大基本需求，生产与生活的协同对应的则是就业—居住—服务需求的"三元"关联（图3-2），且从前述基本认识出发，创新人才的就业空间必然需要在功能与空间上与其他需求承载空间相关联，即建构创新空间的"三元"关联框架。

伴随城市经济发展水平的提高和城市软硬件条件的日臻完善，人本视角成为分析城市现象与问题、引导城市健康发展的常态视角亦是必然，相应地，在创新空间相关研究与实践中，对人的基本需求的关注正是对城市发展人本理念的集中体现。事实上，将创新空间作为创新人才的就业空间，相关研究可追溯至长期以来被广泛探讨的职住平衡话题，国内学者对就业—居住空间匹配关系的研究主要围绕就业—居住空间的均衡性展开，公共服务亦在部分研究中被作为影响因素所提及，如孙斌

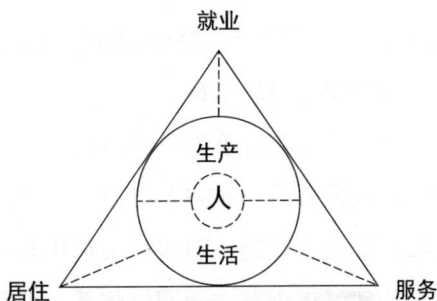

图3-2　"双生"协同对应的"三元"需求关联示意

栋（2008年）、周素红（2010年）、陈蕾（2011年）、李少英（2013年）等学者分别对上海、广州、北京和东莞等城市的就业空间与居住空间之间的关系展开研究，评价其均衡性并分析相关影响因素。从概念角度来看国外研究，"就业与居住空间平衡"的概念最早可以追溯至霍华德所提出的"田园城市"理论，且相比早期研究，直接将创新空间作为一类就业空间，探讨它与其他城市功能空间关系的研究在21世纪之后开始出现，其中，研究较为系统且比较有代表性的学者是佛罗里达，在其最新的代表成果《作为创新机器的城市》（*The city as innovation machine*）中，将创新空间的研究升级为创新城市的研究，指出城市可以作为创新的"容器"，并从不同功能的关联角度探讨了城市活动孕育和成长的内在机理。

3.3.2 城市创新空间研究的"三元"关联框架集成逻辑

现阶段，创新发展已成为被国家及地方广为关注的重点发展战略，创新空间作为新常态下践行城市发展人本要义的旗舰空间，扮演着引导创新人才就业、居住和服务需求的创新集合体角色，担负着推动城市转型进程的重要主体和引领城市转型方向的旗舰地带使命，对创新空间进行科学引导已成为各地践行国家创新发展战略所面临的迫切诉求。在创新空间的"三元"关联框架中，针对创新人才"三元"需求及其承载空间的关联，需要对创新人才的主观需求和需求承载的客观空间关联情况进行统筹，综合掌握创新人才需求的主观个体趋向和客观总体趋势，判断创新人才"三元"需求的关联状态。由于就业需求承载空间对应的是创新空间，居住需求承载空间对应的是城市中具有一定规模的居住板块，服务需求承载空间对应的是城市中具有一定体量的公益性和社会性服务载体，三类空间在城市中有着自身的空间尺度以及明确的客观区位。通过对创新人才需求在三类空间中的关联情况的把握，即研判创新人才的"三元"需求关联状态，从而反馈就业—居住—服务"三元"需求承载空间相互协调的内在机制，为统摄微观视角下的创新空间形成与发展解剖和宏观视角下的创新空间体系建构与治理引导提供基本框架和奠定逻辑基础。

就"三元"需求关联状态而言，从就业—居住—服务需求组合情况来看，存在①～⑧八种情况（图3-3）。以创新空间为研究对象，围绕就业—居住—服务"三元"关联框架展开研究，即通过关联状态判断指引城市创新空间的健康成长、科学选址乃至构建城市创新空间网络体系，则可以进一步聚焦到①～④（虚线框外）四种情况，其中，①为创新人才流动的理想状态；②反映了创新人才对就业—服务需求的偏

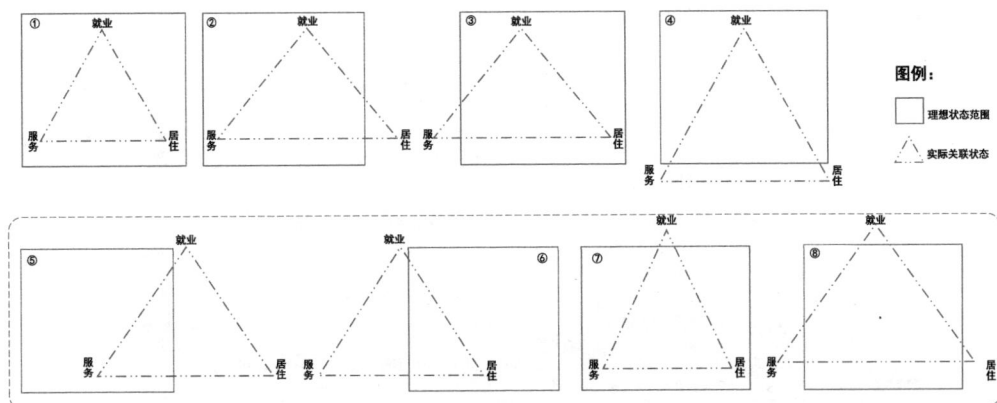

图3-3 "三元"需求关联状态与创新人才流动理想状态的关系

好；③反映了创新人才对就业—居住需求的偏好；④反映了创新人才对单一就业需求的偏好，这四种情况也为凝练更加细致的创新人才就业—居住—服务"三元"需求承载空间关联模式提供了基础。

进一步地，将创新人才"三元"需求关联状态的判断与创新空间所反映的共性趋向、创新空间的分类、发展和布局现状梳理相结合，从而在前述①~④情况下，凝练就业—居住—服务"三元"需求承载空间关联模式、界定创新人才流动理想状态，并形成指导城市创新空间科学发展和体系建构的具体建议。

3.3.3 小结

简言之，在"三元"关联框架下，从创新人才到创新企业（机构或单位），再到创新空间，不同研究对象的基本属性依次叠加，即功能属性叠加区位属性，进而再叠加规模属性，并在城市创新空间这一对象上得以集成，反馈到城市创新空间的针对性研究，则是创新空间的类型、创新空间的区位与创新空间的尺度研究；相应地，城市创新空间形成与发展、体系建构与治理引导等现有的宏微观研究视角亦能在其承载功能多元化、空间分布广泛化、创新活动系统化的成长演绎脉络中实现统筹和阐释（图3-4）。

综上可见，"三元"关联框架既是联动城市创新空间三大基本属性的体现，又是刻画城市创新空间图谱的依据，也是对当前城市人本理念回归的集中反映，成为认识城市创新空间及其体系的基础逻辑亦是水到渠成，且对于城市以人为本的创新发展主题而言兼具理论研究的前瞻性和实践指导的必要性。

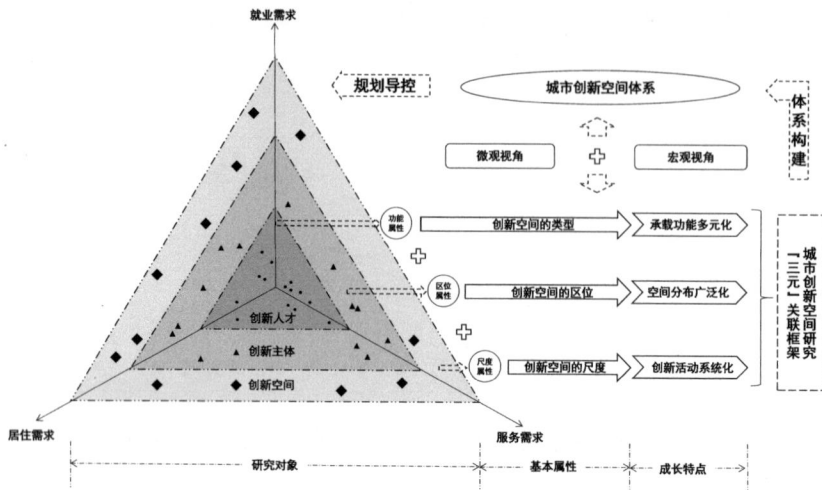

图 3-4 "三元"关联框架下以人为本的城市创新空间研究逻辑

3.4 框架延伸："三元"关联的城市创新空间研究拓展方向

城市转型发展及其对人本要义的强调是创新空间面对的两大发展形势，且作为特定城市空间，与城市规划对于城市发展的系统引导作用相一致，创新空间成为现阶段城市规划内容体系更新的重要内容亦是必然。在前述创新空间研究脉络及进展基础上，未来创新空间的研究一方面需要注重巩固自身在城市转型进程中所扮演的角色，落实城市发展人本要义等时下要求；另一方面还需要注重总结提炼既有发展经验，以更好地指导新时代的城市实践和形成相应的特色理论，由此也揭示了与之对应的城市创新空间的研究拓展方向：

一是全方位探索创新空间的成长机制，科学支持城市、区域乃至国家"可持续"的创新发展。创新是推动城市转型发展的动力源头，创新空间承载创新人才的创新活动，健康发展对于创新的动力作用发挥及其"持续性"保障至关重要，因此，也是谋划城市、区域乃至国家"可持续"的创新发展的主体空间。现阶段，创新空间是各级地方实践的焦点，也是学界研究的热点。就研究视角和关注内容而言，目前创新空间研究多是立足于物质空间或经济视角，解剖创新空间或是以其为整体分析发展模式、发展水平、相互关联关系等；与之对比，以创新人才需求为导向的创新空间发展与布局研究相对较少，中央城市工作会议明确了城市发展以人为本的核心要义，创新空间对这一要义最为直接的体现即是关注创新人才需求。长期以来，城市空间利用多以经济效益导向为准绳，尤其是对于与产业空间颇有渊源的创新空间，跳出这一固有认知范式，立足城市发展新阶段，全方位探索创新空间的成长机制，既是对创新空间研究时效性的回应，也为支持创新空间在城市、区域乃至国家"可持续"的创新发展中所扮演的角色、落实新时代城市发展人本要义的实践提供了参考。

二是将创新空间系统化引入城市国土空间规划，集中回应现阶段规划体系及内容的改革要求。创新空间在城市发展中的重要性日渐突出，对其开展的规划引导研究也已有尝试，今后需要通过对创新空间发展与布局现状的系统分析总结其成长规律，在总体规划、专项规划和详细规划等国土空间规划体系的不同类型规划中提出创新空间由现状条件分析到成长方向把握、再到空间组织的系统分析框架，且兼顾与不同层次规划范围内的产业发展、土地利用、公共配套服务/设施等规划引导内容的衔接，形成与不同类型和层次的国土空间规划相匹配的创新空间规划引导方案，并尽快以城市试点的方式开展持续性探索及经验总结。相应地，今后广泛的城市内部创新空间培育、升级、整合等实践会有更加充分的指导依据和实证参考，各自纷繁复杂的创新发展行动亦有章法可循。各地在"大众创业、万众创新"的时代浪潮中积极科学地有所作为，则使得创新空间成为落实现阶段规划改革的必要内容更加有理有据，也在行动上切实回应了国家的创新发展战略。

三是酝酿以人为本的创新空间布局相关理论成果，丰富我国创新空间理论研究体系，拓展国际创新空间理论研究视野。由城市创新空间发展实践提炼形成的创新空间布局规律，一方面有着指导创新空间系统化引入城市规划内容体系的现实意义，另一方面还有着进一步提升形成创新空间布局相关理论成果的理论意义，且就后者而言，因其源于我国的特色实践而更是具有"中国特色"。这些"中国特色"实践中有全国层面创新空间依托传统产业空间而成长的普遍现象，如成长于开发区内部的科技孵化器、加速器、专业化科技园等，现阶段，国家级、省级开发区普遍存在一个或若干个成长于其内部的上述创新空间，尤其是具有大基数创新人才的超大、特大城市；还有地方层面培育或建设地方性特色创新空间的实践行动，如各类科学城、科技城、科研院所创新圈、创新综合体、产业型特色小镇、众创空间等。这些创新空间发展实践与实证均根植于我国的工业化和城镇化进程之中，其相关理论成果可谓是中国特色的创新空间布局理论和中国特色发展理论的组成部分，对于丰富我国创新空间理论研究体系和拓展国际创新空间理论研究视野均有着不可替代的作用。

整体而言，研究强调的体系建构和规划导控分析内容正是城市创新空间的成长机制探索和现有规划的系统性嵌入两大拓展方向的集中体现，以及对我国创新空间理论研究体系的集中探索，相关研究结论亦是城市以人为本的创新空间布局理论研究与实践成果的组成部分。

二

体系建构篇

第4章　城市创新空间的类型体系研究

创新空间是各类创新要素集聚的空间系统，早期散布在城市内部各处，内部功能也先后经历了由简单到复合的演绎过程。本章通过梳理创新空间的发展脉络，聚焦创新主体，凝练其空间建设要点，对创新空间的类型进行划分，并明确其功能特点，是城市创新空间区位与尺度体系分析的基础。

4.1　城市创新空间的发展阶段划分

学术界普遍将高教科研机构认为是最初的创新主体，其承载空间最早在城市内部被称作科研空间，多存在于高等院校之中，但事实上承载全链条创新活动的创新空间是在改革开放以后才出现的，其开放性与市场化特点也是在之后才逐步显现。改革开放初期，受全球化形势和国家实际发展需要，创新空间往往由政府主导，以产业空间建设为主，且主要依托于开发区进行发展。这一时期的创新空间的创新活动大多依托以开发区、高新区为代表的"大空间"展开，尚未成为独立的空间类型。

20世纪90年代初，许多城市依托科研院所形成了不同系列的专门型创新空间，如国家重点实验室、工程技术研究中心、科创服务中心等。例如，南京在该时期先后依托东南大学、中国林业科学研究院等机构成立了多个工程技术研究中心，后来还成立了江苏省高新技术创业服务中心。

进入21世纪后，产学研合作步伐加快，各类创新活动的载体与平台相继建设，尤以大学科技园的成效最为显著，这一时期，国内各城市依托高新区、科技园等载体还成立了众多的科技孵化器。

2008年金融危机之后，我国更加注重企业的自主创新，为此也陆续出台了众多创新试点企业，制定高新技术企业的认定与考核标准，此间，院士工作站、企业工程技术中心、重点实验室等也相应得到发展。直至2014年，在国家明确"大众创业、

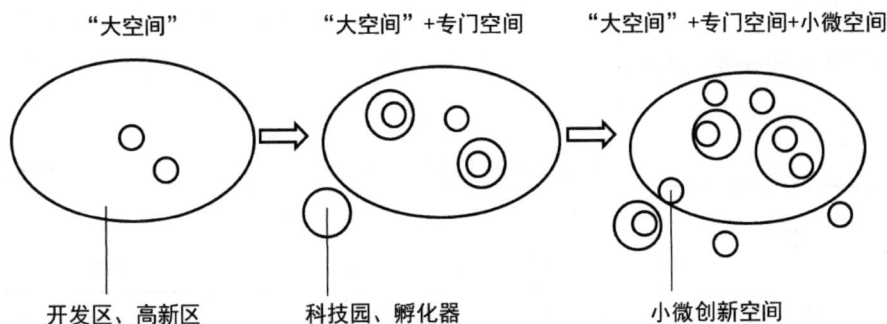

"大空间"　　　　"大空间"+专门空间　　　"大空间"+专门空间+小微空间

开发区、高新区　　　　科技园、孵化器　　　　小微创新空间

图4-1　创新空间演化过程示意

万众创新"导向后，城市创新空间的类型进一步多元化，数量与规模更是迎来发展高潮，甚至被作为兼具区位、尺度等属性的特定类型城市空间予以探讨，自身的独立性也逐步得到确立。

总体而言，城市创新空间的发展目前已大致经历了三个阶段（图4-1）：最初以开发区、高新区等"大空间"为主导，之后增加了科技园、孵化器等各类专门创新空间，再到后来小微创新空间在城市内部蓬勃生长，各类创新空间百花齐放、百家争鸣。

4.2　创新主体总体现状及空间建设

在城市创新体系中，创新要素呈现多样化聚集、高密度分布、高频度流动、高强度互动等特点，而构筑创新城市内部这一复杂城市创新体系、承载各类创新要素的基本单元正是创新主体。本书聚焦技术型创新主体、知识型创新主体和服务型创新主体等三类创新主体，借助官方统计数据，分析改革开放以来各创新主体的发展与演变，总体上把握不同创新主体在不同地区所表现出的现状情况，并指出其相应的空间建设要点。

4.2.1　我国创新主体的总体发展现状

我国工业发展经历了从劳动密集型工业向技术密集型工业转型的过程。作为技术型创新主体的高新技术企业，其间无论是在数量还是在空间分布方面都发生了不同程度的变化。本书选取相关的面板数据进行分析：从高新技术企业数量来看，其发展速度一直非常抢眼，从2005年的17527家发展到2022年的205796家；进一步聚焦到其产出情况，其专利产出数量及增长率等指标颇为突出，由此也充分肯定了我国的企业创新发展成效（表4-1）。

高新技术企业基本情况　　　　　　　　　　　　　　　　　　　　　　表 4-1

指标	年份					
	2005	2010	2015	2020	2021	2022
高新技术企业数（个）	17527	28189	73570	146691	169224	205796
科学研究与试验发展（Research and Development，R&D）机构数（个）	1619	3184	11265	20185	23041	25084
R&D人员全时当量（万人／年）	17.3	39.9	72.7	99.0	112.0	125.4
R&D经费支出（亿元）	362.5	967.8	2626.7	4649.1	5684.6	6507.7
专利申请数（件）	16823	59683	158463	348522	397524	434039
有效发明专利数（件）	6658	50166	241404	570905	685428	809824

数据来源：根据历年（2006—2023年）中国统计年鉴数据绘制

同时，高新技术企业创新投入和创新产出也能够反映我国技术型创新主体的研发能力。在近年来高新技术产业的相关数据统计中，无论是涉及企业的数量、从业人数还是相关利润，都呈现不断上升的趋势（表4-2）。

高技术产业概况　　　　　　　　　　　　　　　　　　　　　　　　表 4-2

指标	年份					
	2014	2015	2016	2018	2019	2020	2021
企业数（个）	27939	29631	30798	33573	35833	40194	45646
平均用工人数（万人）	1325	1354	1342	1318	1288	1387	1467
营业收入（亿元）	127368	139969	153796	157001	158849	174613	209896
利润总额（亿元）	8095	8986	10302	10293	10504	12394	18435

数据来源：根据历年（2015—2022年）中国高科技产业统计年鉴数据绘制（2017年数据缺失）

高等院校、科研机构等知识型创新主体在改革开放之后成长迅速，在数量和质量两方面都取得较快增长。从全国普通高等院校的统计数据可以看出，1985年的高等院校数量只有1000多所，而2022年已经达到近2800所，30年增长近3倍，增长速度

（所）

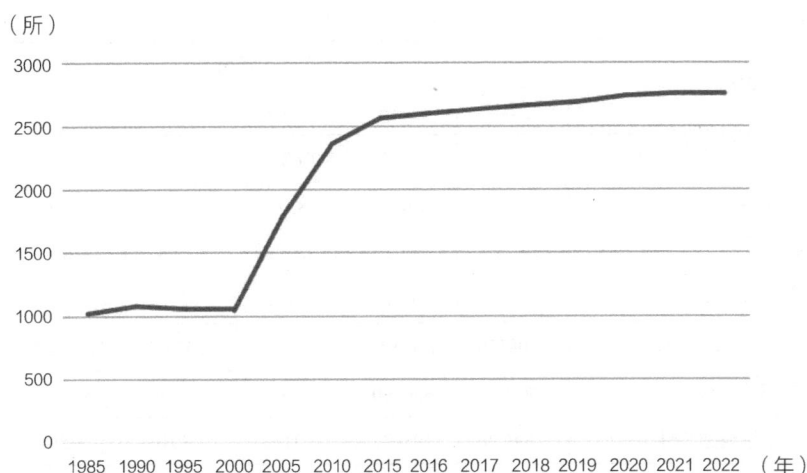

图 4-2　普通高等院校数量变化图

数据来源：根据历年（1986—2023年）中国统计年鉴数据绘制

非常快（图4-2）。科研机构（非高校）近年来无论是在数量上还是在实践成绩上也都实现了突破。2022年全国科学研究与开发机构共2871个，高等院校中的R&D机构共24745个，从近年来的科学研究与开发机构、高等院校的科技活动数据可见，R&D人员、论文以及专利数等都保持快速增长态势（表4-3、表4-4）。

科学研究与开发机构基本情况　　　　　　　　　　表 4-3

指标	年份					
	2017	2018	2019	2020	2021	2022
机构数（个）	3547	3306	3217	3109	2962	2871
中央属	728	717	726	731	746	743
地方属	2819	2589	2491	2378	2216	2128
R&D人员（万人）	46.2	46.4	48.5	51.9	52.9	55.9
R&D人员全时当量（万人／年）	40.6	41.3	42.5	45.4	46.1	48.7
发表科技论文（篇）	177572	176003	185978	193947	195668	199791
专利申请受理数（件）	56267	61404	67302	74601	81879	89945
专利申请授权数（件）	35350	36778	38476	47029	55387	62590

数据来源：根据历年（2018—2023年）中国统计年鉴数据绘制

指标	年份					
	2017	2018	2019	2020	2021	2022
学校数（个）	2631	2663	2688	2738	2756	2760
R&D机构（个）	14971	16280	18379	19988	22859	24745
R&D人员（万人）	91.4	98.4	123.3	127.4	140.8	151.9
R&D人员全时当量（万人／年）	38.2	41.1	56.5	61.5	67.2	72.6
发表科技论文（篇）	1308110	1389912	1447336	1503531	1577932	1657992
专利申请受理数（件）	277524	320790	340685	340360	381565	354852
专利申请授权数（件）	169679	193027	213163	278016	319514	300633

高等院校科技活动统计　　　　　　　　　　　　表4-4

数据来源：根据历年（2018—2023年）中国统计年鉴数据绘制

　　研究中所选择的服务型创新主体主要指科技中介机构（图4-3）。在对研究对象的数据选择过程中，考虑到数据获取的难易程度以及数据的说服力，主要以国家公开的统计数据为依据，具体以承载这些科技中介机构的孵化器载体为研究对象可见，国家发展孵化器的政策举措在"十一五"期间就取得了较多的成果，在国家科技、教育、人力资源、社会保障等部门和社会机构的参与下发展较快。从2015—2022年国家在统科技企业孵化器的统计数据可以看出（表4-5），孵化器数目从2533个增加到6659个，无论是孵化场地面积、在孵企业数还是毕业企业数等都在过去的八年里取得了较好的成绩。

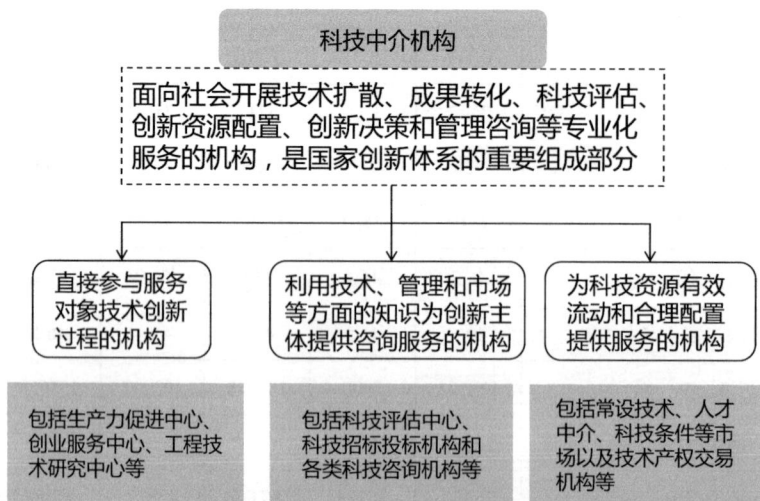

图4-3　科技中介机构的分类

国家在统科技企业孵化器概况   表4-5

指标	年份						
	2016	2017	2018	2019	2020	2021	2022
科技企业孵化器数（个）	3255	4603	4849	5206	5971	6227	6659
场地面积（万m²）	10733	11967	13193	12928	13363	13388	13689
在孵企业数（个）	133286	177542	206024	216828	233776	243635	248344
在孵企业人数（万人）	212	260	290	295	297	310	306
累计毕业企业数（个）	89694	110710	139396	160850	193935	215969	237906

数据来源：根据历年（2017—2023年）中国科技统计年鉴数据绘制

4.2.2 我国创新主体的总体分布特征

技术型创新主体在空间分布上主要集中在长三角、珠三角以及京津冀部分地区，呈现出较高的地理集中度，也正是基于这一情况，我国的西部大开发新格局、东北全面振兴、中部地区崛起、海南开放合作等重大战略，均将技术性创新主体的培育作为重要内容之一予以强调，且近年来中西部地区技术型创新主体的增长速度也明显上升。同时，在技术型创新主体比较集中的区域内部，其空间分布还表现出一定的圈层式分布态势，如在京津冀地区，北京的高新技术企业集聚数量最高，并向外围区县逐渐递减，表现出明显的圈层分布；长三角与珠三角分别以上海和广州、深圳为核心，高新技术企业呈现半圈层式向外围递减的状态。高新技术企业空间分布中体现的扩散特征也从侧面验证了创新集聚的溢出效应以及地理邻近对于创新的促进作用。

根据我国2022年普通高等学校的名单数据可以看出，高校数量最多的省份是江苏省，共168所，本科院校数量分布最多的也是江苏省，共78所，其中，作为科研能力较高的"985"和"211"院校数量最多的城市为北京市（27所）、上海市（10所）（图4-4）。通过分析重点大学的地理位置，可以发现各省份的高校在空间上出现了非均衡现象，形成了一定程度的集聚，而集聚的地点主要是全国经济发展较快地区，大多集聚在城市群的主要核心城市，如长三角的上海和南京，京津冀的北京以及珠三角的广州等，这一情况对于我国现阶段科研机构空间分布而言亦是如此。与知识型创新主体的空间分布情况密切相关，就我国2022年R&D经费数据情况（表4-6）可见，R&D经费投入比较突出的省级行政单元（在1500亿元以上）主要是广东省、北京市、上海市、江苏省、浙江省和山东省等。

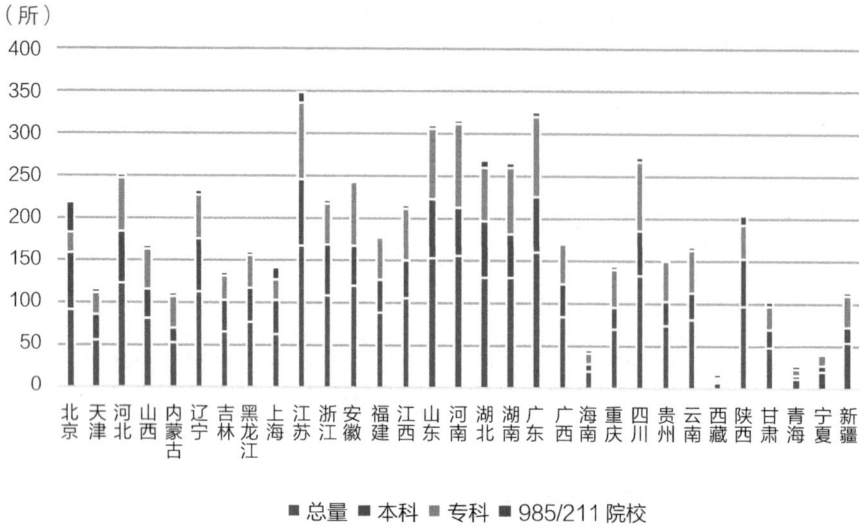

（所）

■ 总量 ■ 本科 ■ 专科 ■ 985/211 院校

图 4-4　分地区分类别全国高等院校数量统计

2022 年我国不同地区的研究与试验发展经费比较　　　表 4-6

地区	R&D 经费（亿元）	R&D 经费投入强度（%）	地区	R&D 经费（亿元）	R&D 经费投入强度（%）	地区	R&D 经费（亿元）	R&D 经费投入强度（%）
全国	30782.9	2.54	浙江	2416.8	3.11	重庆	686.6	2.36
北京	2843.3	6.83	安徽	1152.5	2.56	四川	1215.0	2.14
天津	568.7	3.49	福建	1082.1	2.04	贵州	199.3	0.99
河北	848.9	2.00	江西	558.2	1.74	云南	313.5	1.08
山西	273.7	1.07	山东	2180.4	2.49	西藏	7.0	0.33
内蒙古	209.5	0.90	河南	1143.3	1.86	陕西	769.6	2.35
辽宁	620.9	2.14	湖北	1254.7	2.33	甘肃	144.1	1.29
吉林	187.3	1.43	湖南	1175.3	2.41	青海	28.8	0.80
黑龙江	217.8	1.37	广东	4411.9	3.42	宁夏	79.4	1.57
上海	1981.6	4.44	广西	217.9	0.83	新疆	91.0	0.51
江苏	3835.4	3.12	海南	68.4	1.00			

数据来源：2022年全国科技经费投入统计公报

　　服务型创新主体，尤其是专业性比较强的科技中介机构在我国起步较晚，以承载该类科技中介机构的孵化器为载体进行比较可见，不同地区科技企业孵化器数量与其经济发展水平表现出了一定程度的关联性。以国家在统科技企业孵化器为例，其广泛分布在各个省、自治区、直辖市（表4-7），其中以江苏、广东、浙江等省份孵化器数量较多（均超过500个），分别为1150个、1066个、580个。

全国在统科技企业孵化器及内部企业的地区分布情况（单位：个）　　表4-7

地区	辖区内在统孵化器数量	孵化期内企业总数	在孵企业
辽宁	99	5096	4380
吉林	95	4264	3702
黑龙江	183	6874	5608
小计	377	16234	13690
内蒙古	49	2830	1838
广西	115	5055	4180
重庆	188	7441	5757
四川	184	11459	9085
云南	43	2887	2293
贵州	47	1867	1494
西藏	4	173	142
陕西	148	8739	5757
甘肃	77	3411	2580
青海	16	785	708
宁夏	25	1104	984
新疆	37	3294	2613
小计	933	49045	37431
山西	72	3645	3138
安徽	253	9961	8504
江西	132	6428	4676
河南	225	12859	10658
湖北	338	18025	13960
湖南	131	8381	6869
小计	1151	59299	47805

续表

地区	辖区内在统孵化器数量	孵化期内企业总数	在孵企业
北京	272	19440	11544
上海	204	13169	8279
天津	110	5646	5020
河北	326	12367	9901
山东	342	17416	14363
江苏	1150	52635	42144
浙江	580	26899	20732
广东	1066	48510	32810
福建	142	5189	4243
海南	6	666	382
小计	4198	201937	149418
总计	6659	326515	248344

资料来源：根据2023年中国科技统计年鉴数据整理

4.2.3 面向创新主体的空间建设要点

城市创新空间的形成是创新主体在城市空间内流动与集聚的必然结果。随着创新活动不断演化，创新主体展现出多元化的发展态势，这促使城市创新空间持续经历着结构性的优化与重组。创新主体分为技术型创新主体、知识型创新主体和服务型创新主体，不同种类的创新主体对于创新服务、创新环境等因素的需求情况亦存在差异，相应地，这些因素也揭示了城市创新空间建设的要点。

创新服务是创新空间发展的关键因素之一，在创新主体需求中占据重要位置，涉及信息服务、技术服务、金融服务、商务服务和空间服务等，且各自均有着服务侧重点（图4-5）。随着创新主体需求层次的提升，创新环境愈发受到重视。创新环境包括政策环境、物质环境、文化环境等。其中，政策环境是保障创新活力的关键，良好的政策环境能够推进创新空间的形成和发展。物质环境可细分为公共服务供给的完善程度、基础设施建设的现代化水平，以及创新空间所承载的环境质量的优劣，其中，公共服务水平或基础设施水平主要聚焦于生活性服务设施的集聚程度，以及交通设施的通达性和便捷性。在评估创新空间的环境品质时，需注重其绿

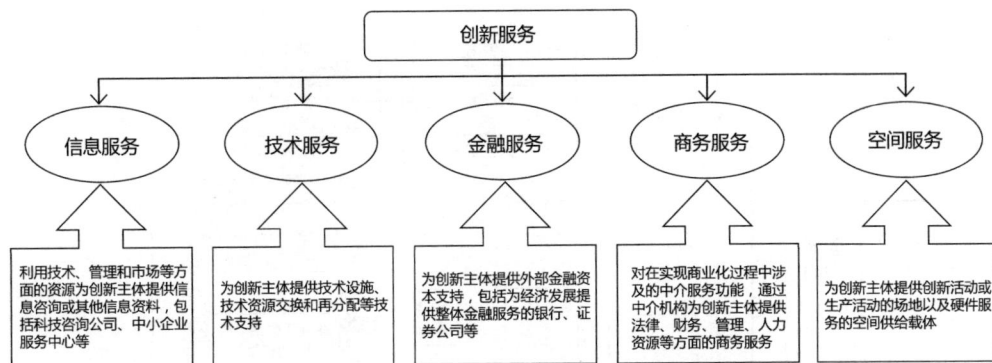

图 4-5　各类创新服务的重点

化覆盖的广泛性、空气质量的优良程度，以及开敞空间布局的合理性和宜人性。文化环境能够影响城市对于创新主体的吸引力，通过集聚并激发创新主体活力，进而影响城市创新发展成效。

4.3　城市创新空间分类及功能特点

创新主体作为创新活动和区域创新体系中的重要角色，相互之间通过协同互进为创新活动的产生提供了更加有利的条件，并呈现出不同的空间组合，联动创新源、创新服务和创新环境，形成了不同类型的创新空间。

4.3.1　城市创新空间分类

根据创新主体的需求要素和创新空间的主导功能导向差异情况，可将创新空间分为两种类型：其一是以推动科技进步为导向的"知识型"创新空间；其二是以发展高新技术产业为导向的"产业型"创新空间（图4-6）。

（1）"知识型"创新空间

"知识型"创新空间主要指依托高校、科研机构、大型企业、独立科研机构等单位与机构而建立的研究院、研究所、重点实验室、技术研究中心等，其本质是以人才为核心的创新空间，能够为"产业型"创新空间提供知识和技术支持，并为其培育创新人才。

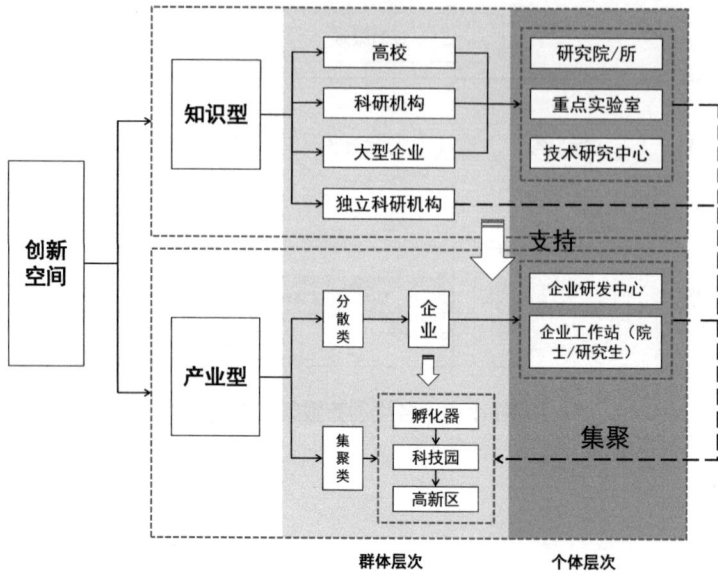

图4-6　城市创新空间的类型划分

（2）"产业型"创新空间

"产业型"创新空间根据组织形式不同可进一步拆分为"分散类"和"集聚类"两种类型："分散类"主要指分散发展的各种企业内部建立的企业研发中心和以企业为载体建立的各种工作站；"集聚类"主要指由集聚在某一空间范围内的创新企业等形成的孵化器、科技园、高新区等。

（3）小结

在两种创新空间类型的关系方面，"知识型"创新空间通常是"产业型"创新空间成形的知识源头，且为"产业型"创新空间提供其发展所需的创新人才与知识支持。"产业型"创新空间在某种程度上也可看作是特殊的产业空间，突出特点是研究与生产一体化。

需要指出的是，"分散类"和"集聚类"创新空间的组织形式涉及两个层次，即个体层次和群体层次。其中，个体层次强调的是创新活动开展的基本承载单元，群体层次强调的是基本单元在空间上的集聚组合，由此，也使得部分创新空间可能会由"分散类"的组织形式演化为"集聚类"的组织形式。

4.3.2　不同类型创新空间的功能特点

不同类型创新空间所承载的功能亦存在着差异，整体上可归纳为研发、设施、服务、生态、其他等空间（图4-7），其中，研发空间是创新空间的核心，且不同类型的创新空间所承载的功能也具有一定的差异性（表4-8）。

（1）"知识型"创新空间的功能特点

就核心功能而言，"知识型"创新空间以承载科创类功能为主并配有教培、休闲生活服务等功能；就基础设施而言，"知识型"创新空间主要配备有停车、市政工程等设施，且对通信网络设施的要求较高；就生态功能而言，"知识型"创新空间主要配套有绿地、水系等生态功能；就其他功能而言，"知识型"创新空间还配备部分居住功能。

（2）"产业型"创新空间的功能特点

就核心功能而言，"集聚类"创新空间主要承载综合科创、生产等功能；"分散类"创新空间主要承载生产功能；就服务功能而言，"集聚类"创新空间除拥有餐饮、购物、休闲娱乐、教育培训等生活配套服务功能之外，还拥有一系列生产配套服务功能，如招商、创业服务、投资信贷、法律咨询等；就基础设施和生态功能而言，"集聚类"创新空间的情况与"知识型"创新空间基本一致；就其他功能而言，"集聚类"创新空间还同步承载创业苗圃和加速器等功能，部分有居住配套。二者因多附属于企业内部，没有专门的配套服务空间，相关配套服务由企业一起提供。

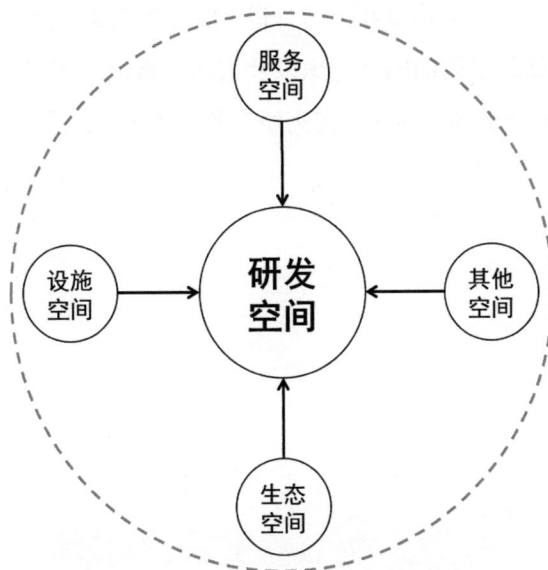

图 4-7　创新空间内部的主要功能分类

城市不同类型创新空间的承载功能差异　　　　　表 4-8

类型		研发功能	配套功能			
			服务功能	基础设施	生态功能	其他功能
知识型		以科创功能为主	主要有餐饮、休闲、教育培训等生活配套服务功能	道路、停车、市政工程等配套设施，其中对通信网络设施的要求较高	绿地、水系等	部分配备居住功能
产业型	集聚类	综合科创、生产、管理等功能	既有餐饮、购物、休闲娱乐、教育培训等生活配套服务功能，还包括招商、创业服务、投资信贷、法律咨询等生产配套服务功能			同步承载苗圃、加速器、中试车间等专业化功能，部分有居住功能配备
	分散类	以生产功能为主	相对独立，相关配套服务由企业一起提供			

（3）小结

　　创新要素和创新人才及其活动在城市内部特定区位集聚与扩散分布，促进了城市创新空间体系的形成。需要指出的是，城市创新空间的成长在取得诸多成效的同时，亦存在着"有其名、难有其实"的现象，且该现象在许多城市中均存在，这些城市或城市内部特定板块对于创新要素的聚合能力相对有限，许多以创业园或是科研中心等名称命名的创新空间并非真正的创新空间。针对城市创新空间建设中存在的良莠不齐状态，在地方层面，政府有必要对创新空间的建设情况进行系统摸底，双向推进创新空间的分级分类建设和更新腾退工作。通过对城市创新空间进行正本清源式整理，为城市创新空间的网络组织以及创新要素流动提供精准的行动方案，进而全面实现城市创新活动的一体化和提高城市的整体创新能力。

第5章 城市创新空间的区位体系研究

　　创新空间既是承载创新活动、成就地方高新技术产业创新发展的基本单元，又是协调众多创新人才生产（就业）与生活等人本诉求的一类特定组织单元，角色之重要性不言而喻。如果说这一角色反映了创新空间与城市的功能关系，那么创新空间与城市的空间关系则表现为创新空间在城市中的区位选择和布局，这也是创新空间发挥和承载创新活动、协调创新人才生产与生活诉求作用的前提，因此，本书在梳理区位选择相关理论的基础上，进一步探讨了城市创新空间的区位分布特点和区位选择规律，为城市创新空间的区位体系构建提供依据。

5.1 创新空间区位选择的理论认知

　　创新空间在集聚创新要素和承载创新主体相关活动的同时，在城市内部亦应有明确的区位属性。早期西方经典区位理论以农业区位论和工业区位论为代表，之后又陆续发展形成了中心地理论、市场网络理论、区域经济增长阶段论、产品生命周期理论和产业集群理论等，不同学者聚焦不同时期的企业及产业发展实践，总结探讨了区位选择的"经济"问题（图5-1）。其间，伴随创新作为地区经济增长内生变量认知的实践延伸和创新"在地性"研究必要性共识的达成，通过追溯既有区位研究成熟理论的内涵及观点，探讨创新空间的区位选择便有了明确的实践意义和理论价值。

　　国内外相关领域学者对创新空间的区位分布问题进行理论探讨，或是针对特定地区或特定类型的创新空间，进行既有经验性结论的补充与修正，形成了丰富的研究成果，其间亦逐渐意识到，不同类型创新主体在区位选择偏好上会存在一定的差异性。就相关研究进展而言，关注技术型创新主体，以企业为对象的区位选择研究较为普遍，并与经典区位理论的相关原理一脉相承，即通常对城市能级、经济社会发展水平、环境条件等有着明确的偏好，且会关注土地、资本、配套等企业经营的

理论	代表人物	主要观点
农业区位论	杜能	地点对农业经济利润具有影响
工业区位论	韦伯	工业企业区位选择的影响因素包括运费、劳动力、集聚和分散等
中心地理论	克里斯泰勒	强调空间等级、结构和网络组织
市场网络理论	廖什	企业最佳区位选择是收支费用差的最大点
区域经济增长阶段论	胡佛-费希尔	经济增长与产业发展的阶段性
产品生命周期理论	弗农	不同地域和国家间的产品周期性发展
产业集群理论	波特	具有竞争与合作关系的各类主体在地理上集中

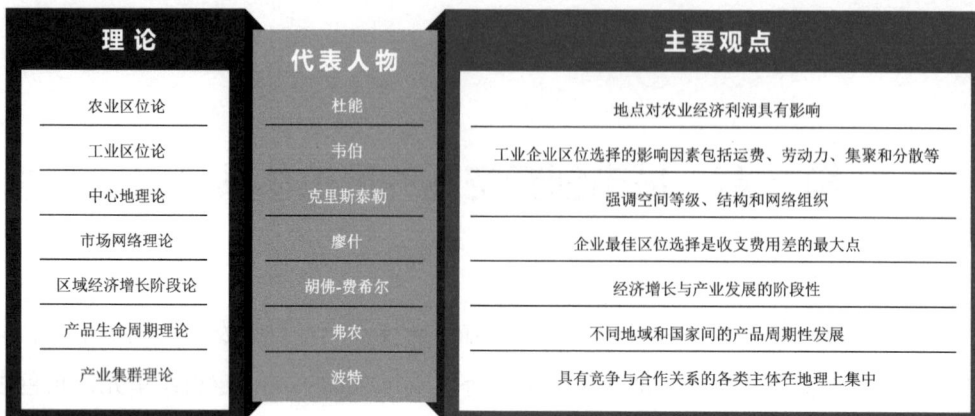

图 5-1　相关区位理论及主要观点

普适性微观因素，并与企业自身所处的产业链和创新链环节有着直接关系；以高等院校和研发机构为代表的知识型创新主体研究对象在区位选择上除了政策性因素之外，通常会考虑经济水平、人力资源、科教条件等因素；服务型创新主体因其角色定位而通常与地方政策环境、市场成熟度、双创企业及相关人才的丰裕程度等情况息息相关，并在具体区位上会兼顾与被服务对象的空间邻近性。

5.2　城市创新空间的区位分布特点

城市创新空间的区位分布有着不同于其他类型功能空间的鲜明特点，系统剖析其区位分布特点是区位体系建构的第一步。专利作为一项重要的创新成果产出，能够代表创新空间的创新能力，专利在地理空间范围内集聚密度的变化可在一定程度上反映创新空间区位分布格局的演变态势。本书结合专利授权量数据，以杭州市和南京市为例，具体探讨城市创新空间的区位分布特点，为进一步研究城市创新空间的区位选择影响因素提供支撑。

作为一种空间载体，城市创新空间承担着城市经济、政治、文化、科技创新等多种活动。根据等级高低、联系紧密程度等不同，形成多个创新中心，而不同级别的创新中心会集结成为一个多极化、多层次的创新空间网络体系。由于不同中心之间的创新投入与产出、劳动生产率水平等存在明显差距，使得城市创新空间的区位分布存在显著的梯度扩散特点，其中，具备区域影响力的中心作为核心节点是创新空间网络体系中的汇聚点，聚集产生规模效应，该创新网络在演化过程中，不同节点逐渐分化，少数城市成为核心节点。

需要指出的是，在创新要素的流动过程中，一方面，核心能够吸引周边地区的创新要素；另一方面，核心也向外辐射创新要素，从而形成新的集聚节点。以杭州市为例，根据浙江省科学技术厅发布的各城市专利授权量累计统计信息，与省内其他城市的专利授权量变化情况相比，杭州一直处于数量规模的高位，增长较为平稳，并在2009年开始进入高速增长状态，在2018年达到高峰，占浙江全省专利授权总量的比例超过18%。因此，研究选择杭州市辖区（2021年前行政区划，不包括临安区、桐庐县、淳安县、建德市）作为实证对象，探讨其内部创新空间存在的梯度扩散特点，使得研究更具有代表性。

在杭州城市内部，不同市辖区之间的专利授权量差距明显，且各市辖区的专利授权量基本形成了三个层级的发展格局，其中，余杭区、西湖区、原江干区、滨江区为第一层级，萧山区、下城区为第二层级，上城区、拱墅区、富阳区为第三层级。在此基础上，考虑到专利授权条件的变化以及官方公布的数据情况，研究选取2009年、2012年、2015年和2018年四年的专利授权量数据，绘制专利密度图（图5-2～图5-5）。

由图可知，杭州各市辖区中专利高密度分布地区所反映的创新空间区位分布格局与前述梯度扩散特点基本对应，即杭州市各市辖区中创新空间规模整体呈现明显增加态势，并有显著的由中心向外围梯度扩散的特点。具体表现为：2009年创新空间主要分布在上城区、下城区、拱墅区、西湖区、原江干区、滨江区，主

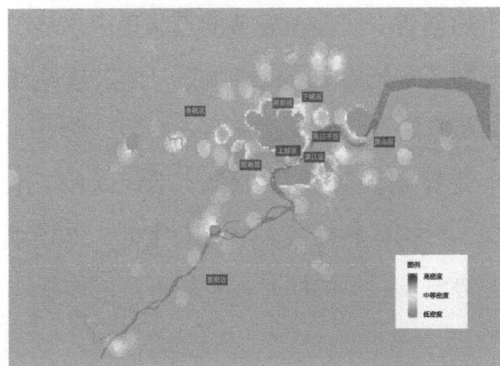

图 5-2　杭州市 2009 年专利密度图

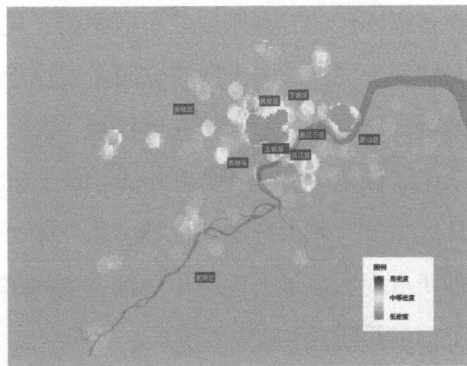

图 5-3　杭州市 2012 年专利密度图

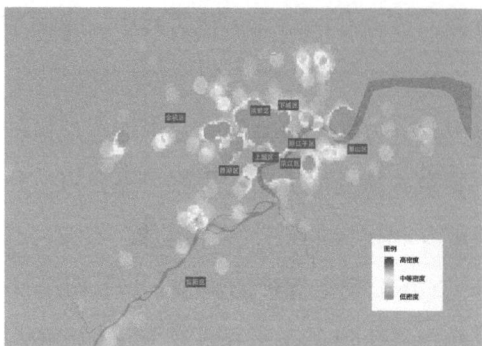

图 5-4　杭州市 2015 年专利密度图

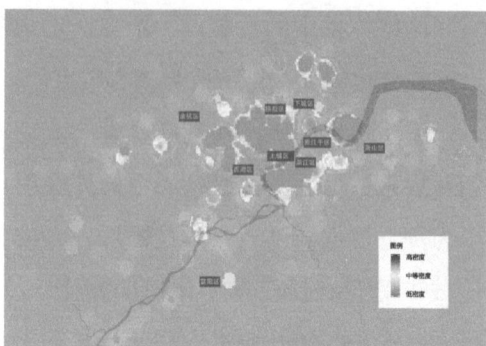

图 5-5　杭州市 2018 年专利密度图

要位于老城区，即中心城区的地理中心地带以及中心城区边缘的市辖区，并有少量创新空间位于余杭区、萧山区、富阳区；2012年创新空间规模有所收缩，且相较于2009年更为集中，原本位于余杭区、萧山区、富阳区的创新空间逐渐消失，老城区的创新空间范围不断缩小；2015年创新空间呈现明显扩散趋势，位于老城区的创新空间规模有所扩大，且老城区之外开始大范围涌现创新空间，尤其是位于老城区外部、中心城区边缘的市辖区，与老城区交界地带的创新空间规模快速扩大，以余杭、萧山、原江干、滨江四区最为突出；2018年位于老城区及中心城区边缘地带的创新空间增长态势趋于稳定，其中，余杭区的创新空间在范围扩大的同时，亦呈现出进一步向外围扩散的发展态势，距离较远的临平地区也开始出现较大范围的创新空间。

与梯度扩散同步，创新空间的区位分布还存在另一个显著的特点，即创新空间呈现出在若干节点上高度集聚的发展态势，呈点状集聚。以杭州市为例，从上述杭州各市辖区的专利密度图可以看出，杭州市的创新空间存在显著的点状集聚态势。具体表现为：2009年创新空间主要位于以西湖区翠苑为中心的老城区、滨江区临江地带、原江干区下沙等三个区域；2012年创新空间点状集聚态势愈发明显，除上述三个区域以外的创新空间逐渐消失；2015年创新空间呈现明显扩散态势，新增了余杭区主城、萧山区临江区域、原江干区九堡、西湖区转塘等多处创新空间；2018年创新空间在数量上进一步增加、空间扩散态势愈发明显的同时，在城市范围内形成了更多的创新空间集聚节点。

无独有偶，南京市创新空间区位格局也呈现出一定的梯度扩散特征，以省级创

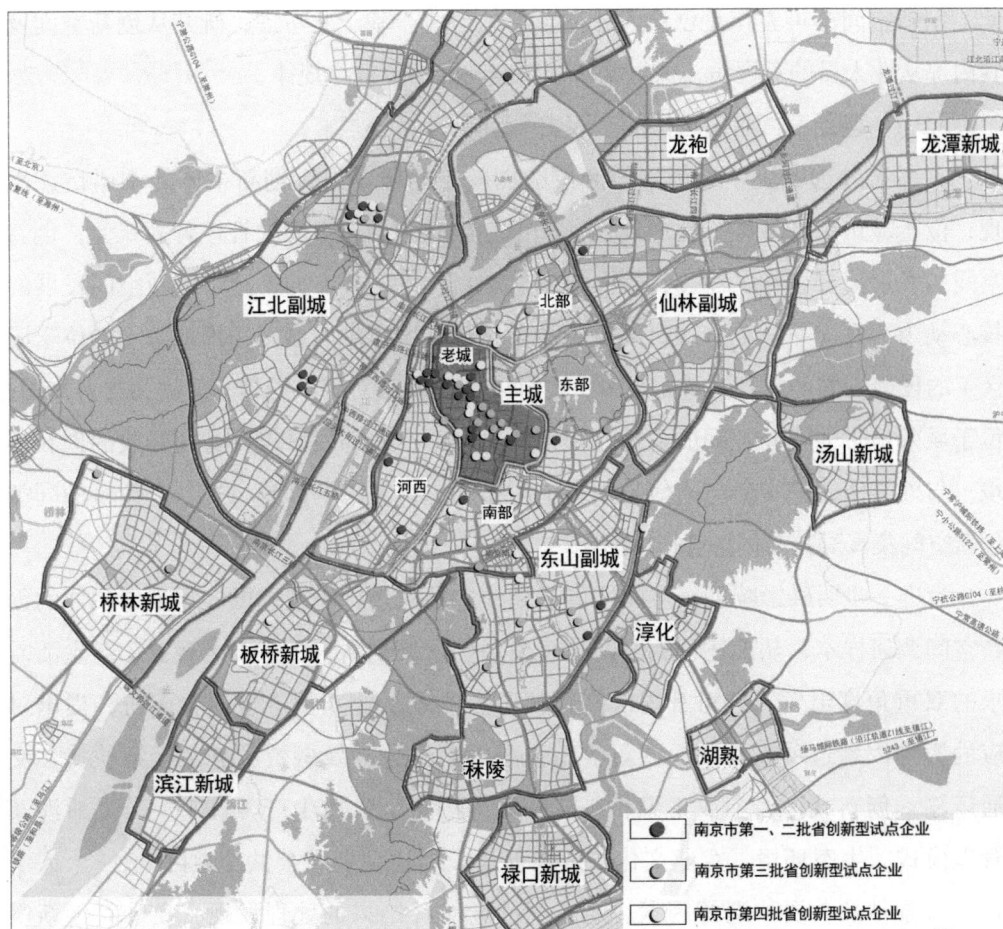

图 5-6　南京市省创新型试点企业的区位分布图

资料来源：朱凯《政府参与的创新空间"组"模式与"织"导向初探——以南京为例》

新型试点企业最为显著，其在老城内集中的同时亦呈现出向外围圈层扩展的特征，且其扩散范围内的空间集聚节点通常与现有较为完善的国省级开发区（高新区）具有分布重叠性，或是位于副城或城市其他等级的中心附近（图5-6）。

5.3　城市创新空间的区位选择规律

创新空间作为承载创新主体、集聚各类创新要素的空间，其内部从业人员，尤其是创新人才是联动各类创新要素，强化创新主体，进而催生创新空间的核心，由此，创新空间亦可看作是创新人才需求的集合体。基于此考虑，研究从创新空间及其内部从业人员的双视角，探讨城市创新空间的区位选择规律。

5.3.1 创新空间区位选择的"双生"因素

本书通过选取位于城市不同区位的创新空间样本进行创新主体的调研访谈发现，位于城市中心城区且地理位置处于中心区域的创新空间的管理者多认为，创新空间的发展需要密切关注高科技人才诉求和新技术发展方向，这是创新空间发展的核心动力，并应兼顾地方政府的政策导向；位于城市中心城区边缘地带（如位于园区）的创新空间的管理者普遍认为，良好的产业基础对其布局具有促进和支持作用；位于城郊地带的创新空间的管理者则认为，创新空间的发展需要高度开放的创新环境，与外界便捷的交通与通信是创新空间布局应该考虑的因素，且一定数量的同类创新空间集聚对其布局也会产生影响。

为进一步明确影响创新空间区位选择的主导因素，研究选取杭州市为具体的创新空间调研样本，从前述创新空间自身发展和协调创新人才生产（就业）与生活需求的双重角度出发，针对其内部高新技术企业及从业人员进行问卷调研，提出对应的影响因素选项，其中，创新空间自身发展部分涉及融资服务、政策扶持、交通运输、创新载体、产业集聚、科技资源等因素，人才生产（就业）与生活涉及管理模式、生态环境、企业文化、发展前景、周边商业及公共交通配套、（个人）再学习条件及薪资待遇等因素。通过对问卷统计结果的处理发现，在针对创新空间发展的选址影响因素调研中，创新空间对于产业集聚、创新载体的依托以及对于政策扶持的关注是其重点考虑的因素；在针对从业人员择业地点的影响因素调研中，从业人员对于薪资待遇、公共交通以及商业配套的诉求是影响其就业地点选择的重点因素。

需要指出的是，从各类影响因素的属性来看，各类重点影响因素中的政策扶持和薪资待遇分别是反映城市外部宏观环境和创新空间内部微观环境的因素，就创新空间在城市内部的空间布局而言，可调整性较少。相较而言，产业集聚、创新载体、公共交通及商业配套四个重点影响因素中，前两者是企业生产链上的互补环节，后两者是从业人员生活链上的互补环节，相互协同则对应了生产与生活两个链条在影响创新空间区位选择上的互相促进作用，四者不仅都具有明确的矢量空间属性，而且可以作为创新空间在既定城市内部的空间布局调整条件（图5-7）。

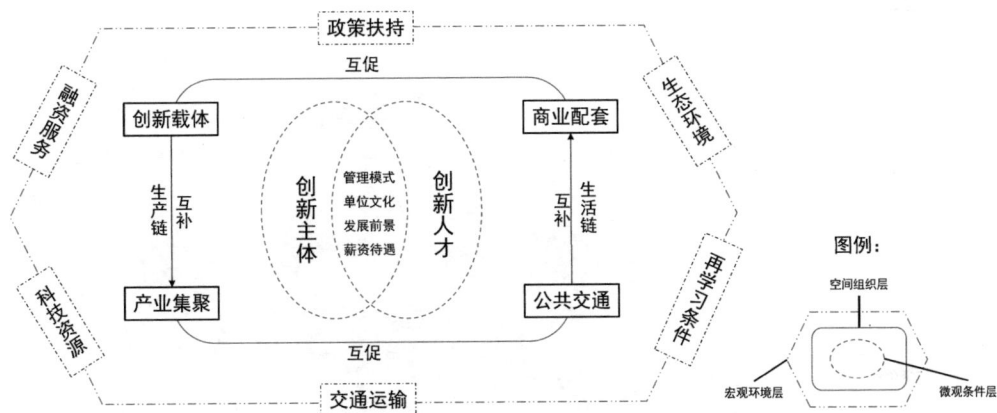

图 5-7　创新空间区位选择影响因素的"双生"协同关系示意

5.3.2　创新空间区位选择影响因素的空间关系检验

基于上述分析，本书将创新空间区位选择的"双生"协同要点聚焦到产业集聚、创新载体、公共交通及商业配套四个影响因素上，针对创新空间区位选择的四个主要趋向，结合杭州市现有高新技术企业、创新载体、交通体系及商业设施分布的实际情况进行比对，以检验各因素影响下的创新空间区位分布格局。

在高新技术企业与创新空间的区位分布关系中，位于城市中心城区边缘地带的创新空间的主导产业基本上与新增高新技术企业的产业类型归属一致，这一特点在滨江区和原江干区内部的表现最为明显。需要指出的是，杭州创新空间在产业类型归属上主要包括软件技术、生物技术、医药技术和信息技术类，中心城区外围的创新空间的主导产业领域仍以传统制造加工类产业为主，有少部分新兴产业出现。由此进一步说明，高新技术企业作为城市产业创新发展的承载主体，其发展情况既与创新空间在中心城区边缘地带与外围地区的扩散梯度存在一致性，也与当前创新空间点状集聚的区位分布演化特点相吻合（图5-8）。

在创新载体与创新空间的区位分布关系分析中，杭州目前统计在册（浙江省科技厅及浙江科技创新云服务平台发布的官方统计文件）的创新载体主要有科技企业孵化器、区创中心、特色小镇（不包括旅游休闲、健康养生等类型的特色小镇）、特色产业基地、可持续试验区、省级企业研究院、科研院所等类型，在各区的分布情况如图所示（图5-9），这些创新载体在滨江区沿江区域、西湖区翠苑、原江干区下沙、余杭区主城等地区呈现出扎堆集聚的状态，并在萧山临江区域、临平及富阳等

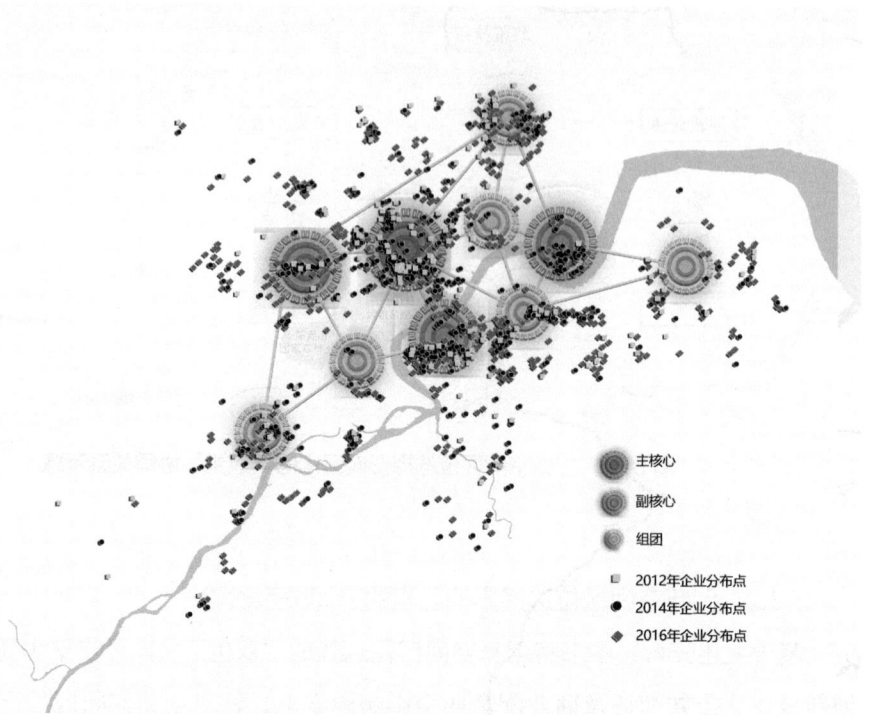

图5-8　高新技术企业与创新空间的区位分布关系

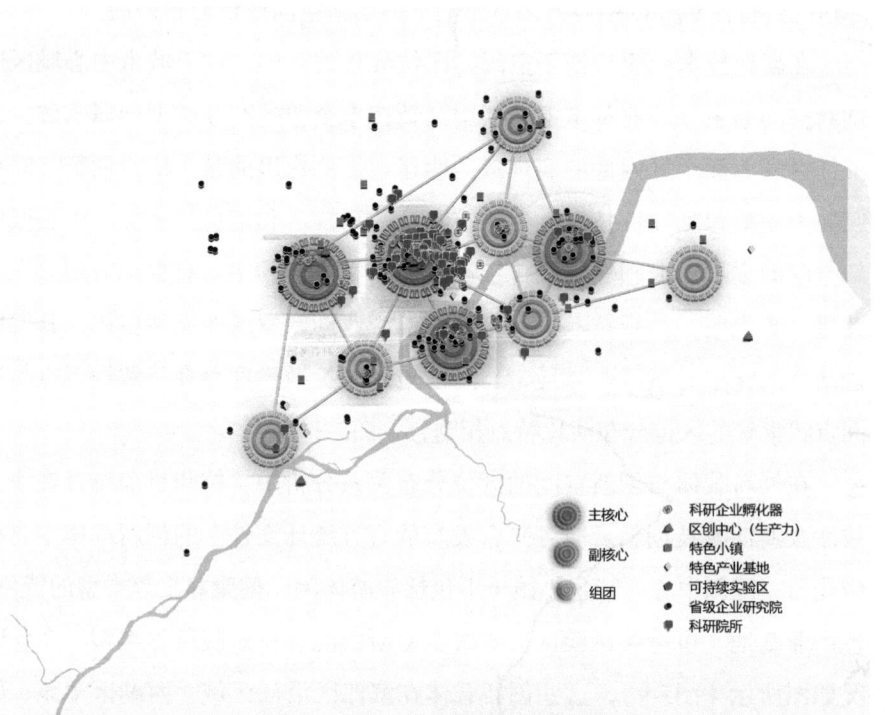

图5-9　创新载体与创新空间的区位分布关系

板块的创新空间集聚点上呈零散分布，这一情况既耦合了创新空间经过点上集聚、梯度扩散分布演化后的空间格局，又回应了当前创新空间的产业类型归属及所在产业空间的发展现状，并且在空间关系方面也一定程度地弥补了新增高新技术企业对于老城区创新空间分布的影响。

在公共交通体系与创新空间的区位分布关系分析中，本书结合《杭州市城市总体规划（2001—2020年）》（2016年修订）明确了城市交通体系规划情况，与创新空间分布进行比对发现，位于中心城区的创新空间基本呈现出沿城市主干道和轨道交通布置的情况（图5-10），尤其是在已经开通的地铁1号线、4号线、2号线沿线，轴线布局特征已颇为明显。另外，中心城区边缘及外围的创新空间还存在着围绕高速路出入口集中布局或是零散分布的现象，主要出现在余杭、萧山和富阳三区。上述情况是对企业及从业人员便捷交流、物流诉求的响应，且在前述创新空间的调研分析中已有反映，并间接呼应了当前创新空间所归属的不同类型产业的分布情况。不仅如此，杭州后续规划的其他地铁线路、市域及城际轨道交通线路也兼顾了创新空间及从业人员对于交通因素的诉求，尤其是公共交通、快速交通因素，这一情况在大江东、富阳等板块表现颇为明显。

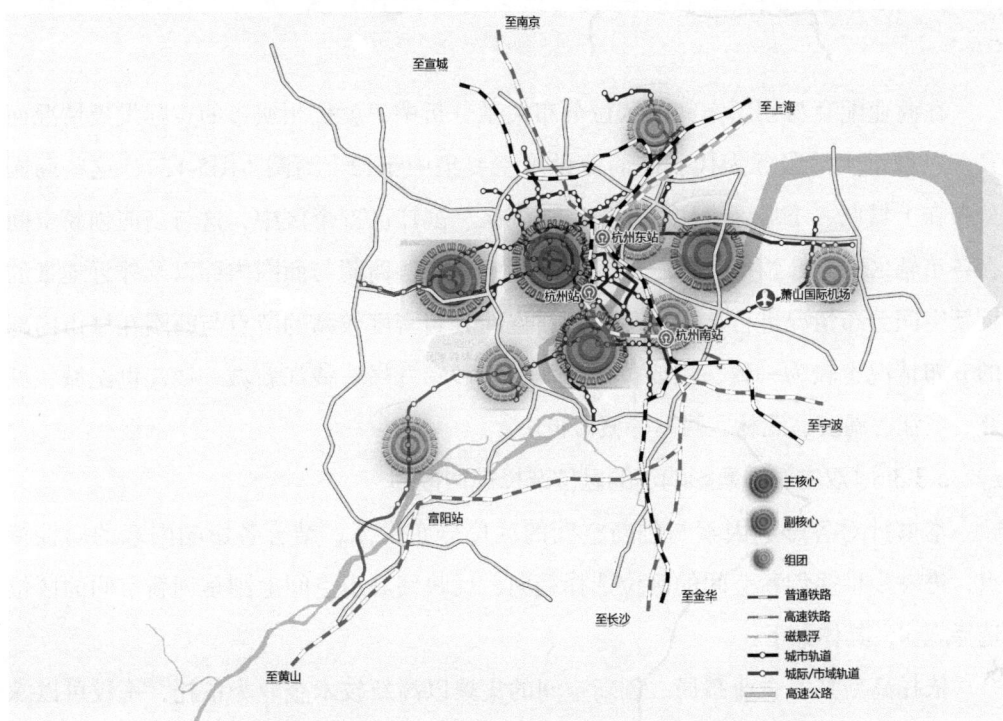

图5-10 公共交通体系与创新空间的区位分布关系

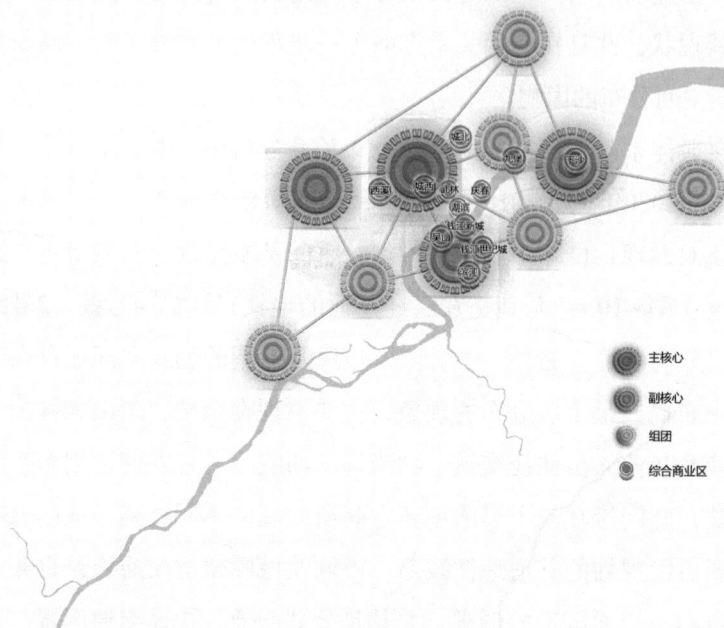

图 5-11　商业配套与创新空间的区位分布关系

在商业配套与创新空间的区位分布关系分析中，就杭州城市的实际发展情况而言，以城市生活服务为代表的商业设施主要集中于12个商圈（图5-11），这些商圈分布在上城区、下城区、原江干区、西湖区、滨江区五个区中，这与当前创新空间在各市辖区的分布情况基本一致。进一步地，将各商圈与商圈内部以及邻近地带的创新空间分布情况进行比对可见，创新空间分布密度较高的节点与商圈在城市内部的分布情况也较为一致，主要位于城西、下沙、九堡、钱江新城、钱江世纪城、城北、滨江、湖滨、武林、西溪等城市板块。

5.3.3　"双生"因素影响下的区位选择规律推演

本书针对各影响因素与创新空间的区位分布关系，结合各影响因素的属性特点，进一步推演创新空间的区位选择趋向，反映到城市空间上则是创新空间的区位选择规律，具体如下：

依托高新技术企业布局。创新空间的集聚以高新技术企业为依托，不仅可以嫁接高新技术企业已有的产业基础和产业链关系，还可以共享相关技术研发、市场需求等信息，实现技术、资金、人才等要素的互补与合作，加之当前各高新技术企业所在园区趋向于产城融合的发展态势，可见，无论是从创新空间发展角度还是从相关从业人员的生活需求角度，高新技术企业的优势都较为明显。

依托智力要素密集区布局。智力要素密集区通常具备良好的研究基础与应用开发潜力，创新空间围绕创新平台、科研院所等智力资源分布有益于创造新的应用技术和链接上下游关联技术。

依托要素便捷流通节点地带布局。创新空间从最初的研究与开发功能到生产与制造功能，以及最后的销售与服务功能等，各个环节均与外界有着较为广泛的联系，创新空间内部的从业人员也有着对于"便捷"生活的强烈诉求，由此使得城市内外的交通节点地带成为创新空间及创新人才的聚集地，具体表现为中心城区范围内的创新空间围绕着轨道交通分布，郊区及城郊接合区域的创新空间多数沿着城市外围的快速路分布，且靠近快速路接口。

依托配套服务完备生活区布局。完备的生活配套服务可以满足创新空间及其内部从业人员的日常生活需求，对从业人员产生吸引力的同时也会对创新空间的布局产生影响，尤其是对于生活区内具有一定综合服务能力的商业设施，创新空间会选择在其服务范围内布局，实现从业人员所需求的"产""城"高度融合。

第 6 章　城市创新空间的尺度体系研究

　　创新空间是创新活动集聚和扩散的主要载体，也是落实国家创新驱动发展战略的重要城市空间。近年来，创新空间已成为国内学术界关注的热点话题，相关研究主要集中在创新空间的组织模式、创新空间的分布与演变特征、创新空间的规划策略等方面。同时，相关规划实践也受到业界的广泛关注，并在国内不同城市和地区出现了杭州城西科创大走廊、上海杨浦中央智力区、广深科创走廊等一批具有代表性的创新空间。然而，相较于从功能类型、地理区位等体系化视角对于创新空间这一对象的研究，已有研究较少关注其尺度问题，且忽略了该属性在类型划分、发展特征与规划策略等方面的差异，创新空间的相关概念也因缺乏明确的尺度指向而略显混乱。事实上，创新空间有着突出的尺度属性，虽然不同尺度的创新空间共同构成了创新空间系统，但彼此间在主导功能上却存在差异化的分工关系。因此，有必要进一步探讨创新空间的尺度差异，以加深对不同尺度创新空间发展特征的理解。此外，在大量规划实践的推动下，新型创新空间不断涌现，也迫切需要进一步明确相关类型的适用尺度。为此，本书引入尺度视角，在梳理不同尺度创新空间的内涵与体系的基础上，探讨不同尺度创新空间的创新活动组织模式、创新氛围营造方式和创新空间形态结构，以期相关理论研究与规划实践能够进一步区分创新空间的尺度差异以及推动创新空间研究话语体系的构建。

6.1　创新空间的尺度内涵与体系

　　创新活动在不同尺度上的集聚和扩散形成了差异化的创新空间，因此，可以按照尺度的大小对创新空间进行分类。基于这一思路，部分学者对创新空间的尺度与类型划分已有所讨论。例如，曾鹏等（2008年）将城市创新空间系统分为智慧圈、智慧丛、智慧簇群、智慧单元等四个层级；邓智团和陈玉娇（2020年）认为创新空间涵盖创新楼宇、创新街区、创新城区、创新城市、创新区域、创新国家和全球创新网络等不同尺度和类型；旷薇等（2018年）将科技创新的空间规划尺度分为国家和区域、城市以及创新功能区等尺度；马小晶和陈华雄（2012年）将高科技集聚区这一创新空间归纳为楼宇型、街区型和园区型三种类型。通过对于上述研究和国内外创新空间相关理论与实践的进一步梳理，本书将创新空间分为创新楼宇、创新场所、创新片区和创新城市四个尺度，不同尺度创新空间的大小、主要类型和典型代表如表6-1所示。

不同尺度创新空间的主要类型与典型代表 表 6-1

尺度名称	尺度大小	主要类型	典型代表
创新楼宇	微观尺度	孵化器、加速器、众创空间等	美国波士顿剑桥创新中心
创新场所	微观尺度	创新街区、创新城区、环高校创新圈等	波士顿肯德尔广场、纽约硅巷、大阪站前综合体知识之都、环同济知识经济圈
创新片区	中观尺度	高新技术产业开发区、科技城、科学城等	美国北卡三角研究园区、北京怀柔科学城
创新城市	宏观尺度	科技创新城市、工业创新城市、服务创新城市等	中国深圳、日本筑波、美国纽约

创新楼宇（Innovative Buildings）指以一栋或几栋建筑物为主要载体集聚创新活动的空间，其本质上是一种以建筑为尺度划分的创新空间。创新楼宇面积一般在几公顷到几十公顷之间，是城市与区域创新系统中能够反映"尺度"概念的最小创新单元，有时也是构成更大尺度创新空间的基础单元。本书所讨论的创新楼宇具有显著的入驻主体多样性的特点，不包括单个企业自身建设的研发或总部大楼，主要指那些为处于初创期的各类科技型中小企业提供物理空间、基础设施和创新服务的楼宇尺度创新空间，在类型上以创新创业服务中心、大学科技园等孵化器和加速器为主。近年来兴起的以联合办公为主要特点的众创空间、创客空间等新概念本质上也属于创新楼宇这一类型。全球知名的孵化器——美国波士顿剑桥创新中心（Cambridge Innovation Center, CIC）是楼宇尺度创新空间的典型代表。

创新场所（Innovative Places）指创新创业企业、高校科研院所等机构在小尺度城市化空间集聚所形成的创新空间。与创新楼宇相比，创新场所属于街区或社区尺度的创新空间，面积通常在几十公顷到几百公顷之间。创新场所在创新主体构成、创新功能配置等方面具有相对多样化的特点，是构成片区尺度和城市尺度创新空间的基本单元。场所尺度创新空间的常见类型包括创新街区、创新城区、环高校创新圈等。由于兼具创新集群与城市街区的特性，场所尺度创新空间近年来逐渐受到国内外学者的广泛关注，相关研究还分析了波士顿肯德尔广场、纽约硅巷、大阪站前综合体知识之都、环同济知识经济圈等国内外具有一定代表性的创新场所。

创新片区（Innovative Areas）指在市域范围内形成的、以高新技术企业、高校和科研院所等机构大量集聚为主要形式、以生产研发为主体功能并配套一定城市功能的创新空间。与创新楼宇和创新场所等微观尺度的创新空间相比，创新片区属于中观尺度的创新空间，面积一般在十几平方千米到几十平方千米之间，是支撑城市创新发展的重要功能区。由于尺度和规模较大，创新片区主要分布于城市边缘区，但有些也位于城市中心区，在类型上以高新区、科技城和科学城为主。美国北卡三角研究园区、北京怀柔科学城等是创新片区的典型代表。

创新城市（Innovative Cities）指主要依靠科技、知识、人力、文化、体制等不同创新要素驱动发展的，以城市为尺度，对区域和国家创新发展具有战略意义的创新空间。这一概念源于西方学者提出的"Creative City""Innovative City"等理论，创新城市是城市创新空间系统中的最高层级和最大尺度，在我国通常会与"创新区域""创新国家"相互衔接和配套，形成了以提高自主创新能力、实施创新驱动发展战略为目标的系列政策，因此，创新城市也是构成创新型国家的关键区域以及全球创新网络的重要节点或枢纽。放眼全球，中国深圳、日本筑波、美国纽约等都是创新城市的典型代表。

6.2 不同尺度的创新活动组织模式

在楼宇尺度创新空间中，初创型企业是其主要使用主体，其创新活动主要涉及技术研发、成果孵化、产品中试等不同环节，而这些环节通常具有较高的不确定性和难以预测性。因此，在创新活动的组织模式方面，楼宇尺度创新空间较为强调空间的开放共享与功能混合，不仅可以降低初创型企业的创新成本，也有助于促进初创型企业的交流互动，催生新的技术、方法和理念。

在场所尺度创新空间中，创新活动的组织通常围绕高校和科研机构等创新源，通常内嵌于街区和社区等高度城市化的空间，有学者因此也提出校区、园区、社区三区融合的创新活动组织模式。事实上，近年来在城市内部逐渐兴起的各类创新场所及其所代表的创新活动组织模式，都在一定程度上反映了新一代创新创业群体对城市多元生活和创新氛围的向往，也反映了城市发展逻辑由以往的"业兴人、人兴城"向"城兴人、人兴业"转变。

在片区尺度创新空间中，创新活动的组织过程中较为强调企业、高校和科研院所等创新主体的集群式发展。例如，国内许多城市以"园中园"的形式在高新区内划分不同的功能区以培育不同的高新技术产业集群。此外，在国内一些城市兴起的科学城则主要强调科研机构和科学装置在空间上的集聚，如北京的怀柔科学城、深圳的光明科学城等。

在城市尺度创新空间中，学者多从驱动要素、城市等级体系、地域实践等多角度对其内部创新活动的组织模式展开研究。相关研究表明，随着互联网和信息通信技术的不断发展，以分布式创新、开放式创新为代表的创新组织模式已成为企业在区域范围内组织创新活动的主要模式。相应地，城市尺度创新空间对创新活动的组织模式也正逐渐从等级与封闭向网络与开放转变。同时，部分学者也结合这一尺度的研究，开始关注更多城市创新空间与区域尺度的组织衔接，如相关研究以长三角等地区为例，分析了城市群多尺度创新网络的结构特征与形成机制。

6.3 不同尺度的创新氛围营造方式

在楼宇尺度创新空间的创新氛围营造方面，较为注重创新创业生态的培育，在有限的空间内提高不同功能之间的混合程度，为初创型企业和创新创业群体提供创新配套服务。例如，植入便利店、咖啡店、书店、路演台等"第三空间"。众创空间等这一类型的创新楼宇不仅能够满足创新创业群体对办公、技术实验、产品中试等方面的基本需求，还能满足创新创业群体日常消费、交流共享等方面的需求。

在场所尺度创新空间的创新氛围营造方面，因其通常邻近高校和科研院所等创新源，同时，具有相对完善的创新配套服务，所以往往具有较好的创新氛围。邓智团和陈玉娇（2020年）总结了国际上典型创新街区的创新氛围营造经验，认为创新街区的创新氛围营造通常涉及文化氛围、社会网络、文化多元、文化创意四个方面。近年来，相关研究还探讨了将创新场所氛围营造与物质空间更新改造相结合的策略。

在片区尺度创新空间的创新氛围营造方面，因其是产业创新集群形成和发展的重要空间，所以该尺度的创新空间在创新氛围营造的过程中较为注重产业集群的培育。以高新技术产业开发区为例，该类型创新空间的创新氛围营造通常涉及硬环境和软环境两个方面，前者主要包括用于支撑集群发展的基础设施配套和创新公共服务平台等，后者则主要包括优化产业发展的营商环境与生态环境等。

在城市尺度创新空间的创新氛围营造方面，通常城市已经具有较强的创新基础，同时也有来自中央或地方政府强有力的政策支持，因此，城市尺度创新空间主要关注如何实现创新氛围的可持续性。例如，杭州打造了城西科创走廊，通过建立不同部门间的协同工作机制，搭建创新公共服务平台，举办一系列宣介活动等方式在城市内部掀起了浓厚的创新氛围，并进一步提升了该城市的战略角色和品牌影响力。

6.4 不同尺度的创新空间形态结构

楼宇尺度创新空间较为常见的空间形态由单体建筑组成，而近年来基于组合式建筑形成的创新综合体也逐渐成为一种新趋势（图6-1a）。例如，美国波士顿剑桥创新中心，最初就是一栋位于肯德尔广场旁边的单体建筑。组合式建筑则或基于空中连廊相接，或共享部分交流、学习和休憩空间，最终实现孵化加速、产品中试、成果展示、风险投资等不同功能的混合，如世界著名的埃因霍温高科技园内就布置了众多连廊式建筑以增进企业间的交流与联系。

场所尺度创新空间在空间形态上通常表现出"无边界"的特点，即创新空间没有明确的地理边界，而是与城市内部的街区和社区相融合，如纽约的硅巷、波士顿的肯德尔广场等。由于场所尺度创新空间通常没有明确的空间结构，所以其内部企业等创新主体一般以高校和科研院所等创新源为核心，并围绕主要街道或公共空间进行布局（图6-1b）。

片区尺度创新空间作为支撑城市和区域创新发展的重要功能区，通常也是构成城市创新中心体系的重要组成部分，其整体通常呈现出一种"团状"的空间形态。就空间结构而言，片区尺度创新空间通常为组团式布局。例如，高新技术产业开发区"园中园"的就是基于组团式布局形成"一区多园"的创新空间结构（图6-1c）。

城市尺度创新空间的空间形态往往因创新空间类型不同而具有差异性。例如，城市内部存在的科创走廊这一类型的创新空间通常沿着主要交通廊道布局创新资

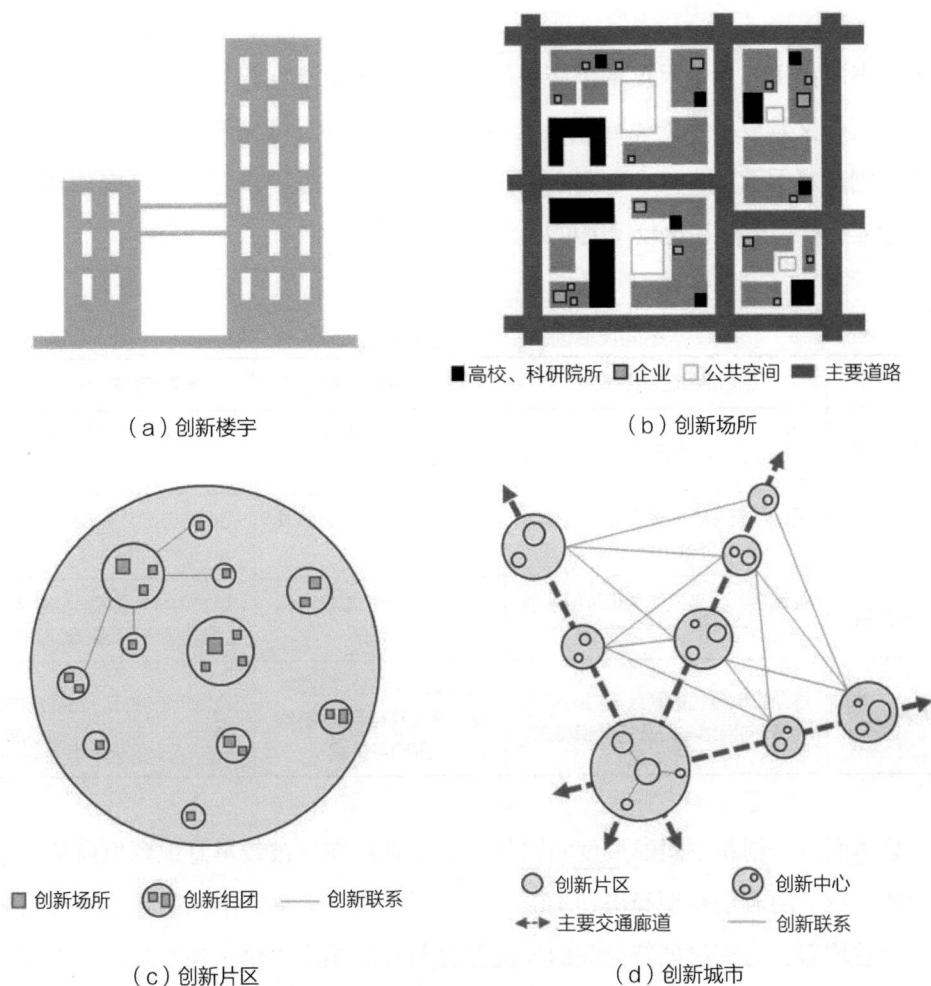

（a）创新楼宇

■高校、科研院所 ■企业 □公共空间 ■主要道路

（b）创新场所

■创新场所 ◨创新组团 —— 创新联系

（c）创新片区

○创新片区 ◉创新中心
↔主要交通廊道 —— 创新联系

（d）创新城市

图6-1 不同尺度创新空间的形态结构模式图

资料来源：李迎成、朱凯《创新空间的尺度差异及规划响应》

源，因此，在城市内部呈现出"线状"的空间形态。在空间结构上，城市尺度创新空间则呈现出"多中心、网络化"的布局特点，即在区域内部分布若干具有紧密交通和创新联系的创新中心（图6-1d）。

6.5 尺度差异下的发展特征比较

本书所提出的四个尺度的创新空间虽然在尺度上存在相互嵌套的关系，但在发展特征上却又具有一定的差异性。本书结合前述不同尺度创新空间的创新活动组织模式、创新氛围营造方式、创新空间形态结构分析，进一步将不同尺度创新空间的发展特征进行了汇总和比较（表6-2）。

不同尺度创新空间的发展特征比较 表 6-2

尺度名称	创新活动的组织模式	创新氛围的营造方式	创新空间的形态结构
创新楼宇	强调空间的开放共享与功能混合	注重通过功能混合培育创新创业生态	以单体建筑或创新综合体为主
创新场所	围绕创新源或内嵌于街区和社区等高度城市化的空间	注重与物质空间更新改造相结合	空间形态通常呈现"无边界"的特点
创新片区	强调企业、高校和科研院所等创新主体的集群式发展	注重培育产业集群的创新氛围	以"团状"的空间形态与组团式的空间结构较为常见
创新城市	逐渐打破传统的等级与封闭模式而转向网络与开放的组织模式	注重通过战略与品牌影响力的培育实现创新氛围的可持续	空间形态多元，空间结构以"多中心、网络化"较为常见

总体而言，创新空间的尺度问题是一个客观存在且被较早意识到但尚缺乏系统讨论的问题。随着创新型经济的不断发展，近年来有关创新空间的理论研究与规划实践日益增多，为探讨创新空间的尺度差异与规划响应提供了现实基础。需要强调的是，本书对创新空间的尺度划分与类型归纳并不具有唯一性和排他性，对不同尺度创新空间发展特征的分析及规划思考以概述为主，难免会缺乏全面性。然而，本书希望通过梳理与总结相关经验与案例，为创新空间的研究提供新的视角，助推后续相关理论研究与规划实践能够更多地关注到创新空间的尺度差异，这也有利于进一步提升对不同尺度创新空间研究结论和规划策略的针对性。

三

规划导控篇

第7章 城市创新空间的规划导控响应

城市的创新发展与创新活动的产生都需要依托特定的空间载体，创新对于集聚效应的突出需求亦要求不同创新主体在空间上集聚，由此在城市的特定空间中形成创新空间，以及与之对应的创新空间类型、区位、尺度体系。面对创新空间类型多元、区位以及尺度不同的发展现实，政府作为倡导创新和引导创新发展最为主动的参与角色，需要跳出现阶段城市创新主体的混搭和散搭现象，在抓住创新人才对于生活服务的需求的同时，结合创新空间布局特点，协调各类创新主体合理落实于特定的创新空间，并引导不同创新空间在城市层面实现有序关联。立足空间，整理空间，通过规划引导创新主体的有机组合和创新空间的合理编织，方能在城市杂乱无章的举措中找到章法，构建城市创新空间体系，引导城市走向精致型的创新城市。

7.1 城市创新空间规划的现实诉求

我国的快速城镇化加之当前国家转型的现实需求与创新发展战略的深入推进，使"创新"这一原动力必然要融于城市发展进程之中。伴随"城市"与"创新"之间密切关联以及相关研究的持续演进，针对城市创新发展的研究已逐渐由理论探索向理论与实践并举的方向转变。以创新型城市建设为导向，国内既有研究多侧重于宏观层面的空间发展机制、空间演化规律以及空间与功能的互动关系等内容，亦有学者针对国外创新型城市进行案例剖析研究。国外学者较为关注自身所在国家或地区的创新型城市的先发性特点，且自1990年起，国外学者的有关研究逐渐由关注地区创新环境营造转向关注城市内部具体创新主体培育，关注的空间层次和对象较为具体。

整体而言，既有研究在要素集聚、机制保障和空间承载等对于城市创新发展所起到的作用，以及在此作用过程中对创新主体（尤其是企业）、市场和政府等角色的认识形成了一定的研究框架，但对于创新活动在城市空间上的开展及其科学引导一直是悬而未决的讨论话题，尤其是对于城市创新发展的实践而言，因城市是汇集创新要素最为集中和完整的行政单元，且创新发展亦需要一定的空间载体予以承载，所以，探索如何通过规划导控来引导城市内部创新空间的建设以及构建城市创新空间体系便成为创新型城市建设中绕不过去的重要一环。鉴于以上背景，通过探讨城市创新空间规划中政府的角色，提出系统的规划导控方向和不同尺度下的创新空间规划要点具有积极的理论价值和实践价值。

需要指出的是，建设创新城市一方面需要有序调动各类创新要素，形成相关机制予以支撑和保障；另一方面，还需要主动引导各类创新要素，以空间为载体进行有序落位。换言之，明确创新活动的承载空间、集聚创新主体是确保城市在创新发展过程中有效利用创新所需的支撑要素和保障机制的前提；与此同时，政府作为实施引导空间主动行为的最佳角色，确立空间这一着力点后，加之政府对要素的调配及主体的引导，便能够展开对城市创新活动的系统引导，通过协调各类创新主体在创新体系中的运行与活动，能够更加有效地实施行动管理，从而在真正意义上促进创新城市的建设。

7.2　城市创新空间的规划导控方向

城市创新空间的优化初衷在于建立系统的城市创新空间体系，然而，城市不同类型创新空间无序的发展状态迫切需要政府的引导，且无论是既有创新空间的调整还是新增创新空间的准入，政府作为引导主体均应在空间布局与功能组织上进行合理的把控。

7.2.1　创新空间形成的"组"模式

创新主体在城市空间中的分布随着数量的集聚，由单纯的个体据点进入集群组合的表现形式，实现关联资源的共享，这既是创新空间自身发展的切实需求，也是空间高效利用的必然表现。因此，最为直接的布局方式即是推动创新主体的就近组合，从而促进形成创新空间发展初级阶段的"组"模式。

结合城市自身的空间结构特点可见，对"组"模式具有显著适用性的各类早期创新主体多依托开发区、高新区、副城等，提供相应配套生活服务功能形成创新空间。未进行组合的创新主体多位于主城区，其内部创新人才的生活服务需求借助主城已有资源即可得到满足，且由于主城区空间多为建成空间，若进行邻近单元的机械组合，阻力也相对较大。以南京市为例，适用"组"模式的典型创新空间有的是由多类型企业集聚的双创园区，如徐庄软件园（图7-1）、栖霞区迈皋桥"330"科技创业大厦（图7-2）；有的是某类特定行业的技术型企业聚集科技园，如江宁无线谷（图7-3）；还有依托某一个实力企业而形成的专业园区，如南京液晶谷（图7-4）。

图 7-1　徐庄软件园外景

图 7-2　栖霞区迈皋桥"330"科技创业大厦外景

图 7-3　江宁无线谷外景

图 7-4　南京液晶谷外景

创新空间形成的"组"模式在城市推进创新空间建设的进程中已较为多见，由此也形成了继开发区建设高潮之后的"新一代园区"现象。这类创新空间有着共同特征，即空间范围远小于既有城市开发区，且功能定位多以科技创新与创业为主，与国外的小型科技园在功能和形式上极为相似。

就国内城市创新空间建设实践而言，"组"模式是政府第一次在创新发展理念下，对城市创新单元较为全面和普遍的实践行动。尽管在构建初期通常带有一定的机械组合特征，但经过一定时期的磨合和相关配套服务及设施的逐步完善，会渐趋发挥出优于早期据点式发展的集聚正效应。

7.2.2 创新空间体系建构的"织"导向

在城市层面需要系统整合其内部种类和数量繁多的创新空间，因此，探讨创新空间在城市层面的协同发展路径，把握创新空间的"编织"结构及其特征，将"组"模式下政府引导形成的创新空间之间的功能关联提炼为城市创新空间的"织"导向，强调城市整体层面的系统引导，优化整体城市创新空间体系，是城市创新发展进程中需要解决的主要问题。

城市创新空间的"织"导向强调了政府对于"新一代园区"现象的积极反应，重点在于促进城市创新空间体系的形成，摆脱或避免既有创新空间因空间层面的疏离而导致的功能分离现象，即通过抽象的创新功能关联"链条"的形式，实现不同创新空间在城市这一行政层面的管理与统筹。

需要指出的是，尽管主城区的创新主体在空间直接组合方面的实施性较低，但在"织"导向下对其功能进行汇集、梳理与链接颇具可行性；同时，尽管目前与之对应的科技部门有着层级的划分，但都较少关注创新主体之间的功能关联，故而可将主城区作为城市的一类特定创新空间，与其他创新空间进行功能上的"编织"引导。对于已形成的其他创新空间而言，由于不同空间载体在层级、类型、大小等方面存在差异，所以在具体的功能关联方面亦会相应地存在层级、方式或强弱等区别，但这并不影响将其纳入城市创新空间体系的可行性，相反，更是证实了"编织"城市创新空间体系、促进各类创新空间各尽其用的必要性。

7.3 不同尺度创新空间的规划要点

在城市创新空间体系中，不同尺度创新空间的规划既要遵循创新活动集聚的一般规律，也要考虑不同尺度创新空间的发展特征与差异。在满足创新主体"多元、共享、开放、混合"等共性需求的基础上，制定有针对性的规划策略，通过空间规划的响应推动不同尺度创新空间的可持续发展。

7.3.1 创新楼宇

近年来，以众创空间为代表的创新楼宇的数量在国内爆发式增长，然而很多城市将这类空间简单地理解为低成本的共享式办公空间，往往忽略了其作为创新空间的内涵以及其内部初创型企业对创新空间的使用需求，导致传统低效办公空间的增加。为此，本书认为楼宇尺度创新空间的规划重点主要包括以下两方面内容：

一方面，规划应关注创新楼宇在城市内部的区位选择。绝大多数的创新楼宇由社会私营部门基于市场化原则进行建设与管理，其本质上是一个利益导向和成本敏感的营利性空间，因此，区位选择的合理与否将直接影响创新楼宇吸引和集聚一定规模的初创型企业的能力。一般而言，创新楼宇宜邻近高校和科研院所等创新源，同时，也应具有便捷的交通。例如，前文述及的波士顿剑桥创新中心紧邻麻省理工学院，也位于波士顿红线地铁肯德尔广场站的出站口。

另一方面，规划还应关注如何实现创新楼宇内部的功能混合。尽管功能混合的理念在国内创新楼宇的建设中已得到较为广泛的认可，但在规划实践中还面临一些具体的问题。例如，在用地类型方面，需要对传统的产业用地类型进行适当的调整，以满足功能混合所产生的新的用地类型需求。此外，还需要注意哪些功能可以在创新楼宇内进行混合，以确保功能混合的科学性与合理性。

7.3.2 创新场所

当前，欧美等发达国家正在经历所谓的"创新回归城市"趋势，以创新街区为代表的场所尺度创新空间在纽约、伦敦、波士顿等城市迅速发展，这一趋势也推动了国内对场所尺度创新空间规划的关注。然而，目前有关场所尺度创新空间的规划仍处于探索阶段。结合创新场所的发展特征，本书认为这一尺度创新空间的规划重点主要包括以下两个方面：

一方面，推动创新场所规划与城市更新和旧城改造相结合。在存量规划与国土空间规划的双重背景下，创新场所建设与城市更新的关系正变得日益紧密。其一，创新场所需要小尺度、高密度的城市化区域作为载体，而老城区内部的增量空间往往十分有限，因此，可通过对老城区的工业遗存进行更新改造，依托周边的高校和科研院所，为创新场所的建设提供空间保障。其二，以创新场所为导向的城市更新需要进一步契合新一代创新创业群体的空间偏好和需求，通过植入"第三空间"等方式营造浓厚的创新氛围，这对提升地区发展的活力与韧性具有重要意义，这一点在波士顿肯德尔广场的功能布局中可以得到印证。

另一方面，场所尺度的创新空间规划要突破传统的园区规划思维，打造地理范围与功能业态两方面的"无边界"园区，以增强创新场所发展的弹性与灵活性。就地理范围而言，创新场所是融合于城市街区和社区的创新空间，难以精确划分其地理边界。就功能业态而言，创新场所的功能和业态策划要充分尊重创新活动本身所具有的复杂性和难以预测性，应以场所的创新资源禀赋为基础，构建"创新资源禀赋+X"的功能业态体系，避免因为单一的功能业态形成路径依赖。

7.3.3 创新片区

早期的片区尺度创新空间规划实践以高新技术产业开发区的规划为主，近年来，针对科技城、科学城、中央智力区等为代表的创新片区规划实践逐渐增多。就区位而言，以高新区为代表的创新片区主要位于城市边缘区，而近年来出现的其他类型创新片区空间布局则更加灵活，既可以位于城市边缘区，也可以位于城市中心区，因此，本书关于片区尺度创新空间规划的思考也主要基于区位视角。

经过多年的发展，城市边缘区已成为片区尺度创新空间发展的重要载体，这主要得益于城市边缘区具有较低的用地成本、良好的生态环境和充足的土地供给等优势。然而，随着以高新区、科技城等为代表的创新片区在边缘区的不断建设与发展，城市边缘区的创新空间在规模上逐渐趋于饱和，在结构上逐渐趋于无序。另外，在资本的驱动下，许多新建的创新片区并不具备创新潜力，造成了空间资源和创新资源的浪费，因此，边缘区创新片区的规划需要在定位与功能方面重点关注与已有创新功能区的统筹协调发展，通过创新链、产业链和价值链的有机融合，推动边缘区创新空间的整合与重构。

近年来，在城市中央商务区建设片区尺度的创新空间也逐渐受到地方政府的关注，如伦敦依托中央活动区建设的东区科技城、深圳依托南山中央商务区建设的中央智力区等。此类创新片区在功能和空间上与城市中心区的其他功能区高度融合、相伴相生，对此类创新片区的规划应重视利用城市中心区的现有创新基础和条件，积极营造创新氛围、构建创新服务支撑体系，从而推动创新片区与中心城区的其他功能区在空间和功能上的一体化布局。

7.3.4　创新城市

城市尺度创新空间的规划重在解决宏观层面的战略问题，以便从城市尺度营造有利于创新活动集聚的环境与氛围。本书认为能否推动创新城市形成科学合理的创新空间结构是城市尺度创新空间规划必须要重视的一个战略问题，该问题不仅关系到城市内部不同部门之间能否实现协同发展，也关系到创新城市能否作为一个整体支撑区域乃至国家的创新系统建设以及能否融入全球创新网络。

在当前新型全球化不断发展和国家构建"双循环"发展格局的背景下，创新城市的空间结构规划要深刻认识到分布式创新、开放式创新等新型创新模式对企业在城市乃至更大尺度空间组织创新活动的影响。本书认为创新城市的空间结构至少应具有"多中心、网络化、开放式"的特点。具体而言，多中心指在充分认识城市内部创新资源非均衡分布的基础上，培育具有不同定位和职能的创新中心；网络化不仅指创新中心之间基于交通网和互联网构成的有形网，也指基于产业链、创新链和价值链构成的无形网；开放式指创新城市内部要有承担创新门户与枢纽作用的节点，以畅通地方与区域乃至国家的创新联系。

第 8 章　城市创新空间的总体规划实践

合肥自进入21世纪以来，相继从获批国家首个科技创新试点市到成为国家创新型城市试点，再到如今被发改委和科技部联合批复成为综合性国家科学中心，此间，城市创新发展表现出了高质量、快节奏的特点，在全国创新型城市梯队中，由跟跑到并跑，并逐步迈入了领跑城市行列，创新驱动效应在城市经济社会发展领域日益凸显，成为国家转型发展大背景下城市高质量发展重点关注的关键领域之一亦是必然。在合肥2018年着手编制的城市总体规划和2019年顺应国家规划体系改革要求而启动的国土空间规划编制工作中，创新成为重要规划内容之一，并确立了以建设综合性国家科学中心，打造具有国际影响力的创新之都这一城市发展目标。基于上述背景，本书系统分析合肥创新发展的宏观基础、中观表现与微观诉求，辨析城市创新发展的动力，并通过借鉴国内外现代科学城市建设的经验，凝练生态文明时代合肥以滨湖科学城为主体、各类创新主体有序统筹的现代科学城市建设跃迁路径及其线索，进而依据相关线索，引导创新空间的分类发展和布局，提出合肥现代科学城市建设的相关保障建议，助力城市的高质量发展和空间高品质利用。

8.1　合肥城市创新发展的宏观基础

8.1.1　区域创新版图中的合肥位置

（1）科研成果产出的第一梯队

在英国《自然》杂志发布的全球自然科学指数（2022年）中，中国排名第一，合肥与杭州、天津、武汉排在全球科研城市前二十，且相比2021年前进了四位，由此反映了合肥城市科研成果产出的良好成绩。不仅如此，在反映指数测定的诸多考量标准中，就国内与国际的科研合作这一标准而言，合肥与香港、天津一起成为中国表现最为突出的城市之一。

（2）"教育地"特色的创新增长极

与合肥的高科研产出成绩结论相一致，华高莱斯、全国地理学研究生联合会在2018年发布的中国创新城市地图研究中指出，依照创新成长的驱动模式差异（创新人才的聚集模式），当下我国的创新城市类型有四种，分别为："工作地"创新城市——产业基础驱动城市创新、"宜居地"创新城市——人才汇聚催生产业创新、"度假地"创新城市——蔚蓝海岸激发创新活力和"教育地"创新城市——工科院校决定创新能量。合肥作为高校集聚的省会城市之一，正是典型的"教育地"创新城市。

（3）新旧产业统筹发展的城市翘楚

在"2022年中国百强城市排行榜"（华顿经济研究院发布）上，百强城市GDP占全国GDP的70.3%。从产业结构上来看，以传统产业为主导的城市位次普遍下降，提前布局战略性新兴产业的城市位次普遍上升。比较而言，合肥呈现出"传统产业+新兴产业"综合布局的发展态势，近十年来城市位次稳步上升，且具有稳健的人口供给规模与速度，同时，在城市发展软实力（环境、科教、文化、卫生）方面也积累了一定的竞争优势（图8-1）。

8.1.2 合肥创新发展的阶段性特点

（1）公共性科技投入力度大，但市场性科技产出成效尚需进一步提高

相较安徽省内城市，合肥近年来创新资本高度汇聚，科技投入的地方主动性进一步加强，政府推动科技创新力度加大。以2022年科技统计公报数据为基础，研究比对发现，合肥R&D经费投入的绝对数量在全省最高，接近400亿元，占GDP比重也最为突出，为3.46%。

相较省外城市，尤其是位于长三角、长江经济带等区域的对标城市，反映合肥城市创新支持力度的政府投入性指标也处于相对高位，如全社会R&D经费支出占地区GDP比重、科技公共财政支出占公共财政支出的比重等指标，在与南京、武汉、成都和杭州四个城市的对比中都排在前两位；而在反映市场性创新产出的相关指标方面，合肥的表现并不抢眼，如全员劳动生产率、高新技术企业及占规模以上工业企业的数量比重、万人发明专利拥有量、技术市场成交合同金额占地区GDP比重等指标，均排在后两位（表8-1）。

排行	城市	综合分值	硬经济指标分值	软经济指标分值
1	北京市	95.23	95.64	94.57
2	上海市	91.38	95.28	85.08
3	深圳市	80.17	87.80	67.83
4	广州市	77.68	75.91	80.55
5	杭州市	77.02	75.89	78.85
6	南京市	75.96	74.57	78.19
7	苏州市	72.65	76.95	65.69
8	武汉市	71.44	67.64	77.59
9	成都市	67.89	61.70	77.91
10	天津市	67.46	64.92	71.57
11	重庆市	67.41	61.75	76.58
12	无锡市	65.24	67.99	60.80
13	宁波市	64.47	68.18	58.45
14	济南市	63.65	58.37	72.19
15	长沙市	63.63	61.58	66.94
16	青岛市	63.04	62.92	63.24
17	郑州市	61.01	56.22	68.76
18	合肥市	59.60	55.72	65.89
19	福州市	58.66	56.81	61.64
20	西安市	57.80	49.64	71.00

图 8-1 合肥在百强城市中的排名（2022 年度）

图片来源：华顿经济研究院

合肥与长三角和长江经济带对标城市的创新城市建设指标排名 表 8-1

排名指标	合肥	南京	武汉	成都	杭州
每万名就业人员中研究人员数量	4	2	3	5	1
全社会R&D经费支出占地区GDP比重	2	3	4	1	3
国家和省级重点实验室、工程实验室和工程（技术）中心数量	3	2	4	5	1
全员劳动生产率	5	2	1	4	3
高新技术企业及占规模以上工业企业的数量比重	5	3	1	2	4
高新技术企业主营业务收入占规模以上工业企业主营业务收入比重	3	1	2	4	5
万人发明专利拥有量	4	2	5	3	1
技术市场成交合同金额占地区GDP比重	4	3	1	2	5
万元GDP综合能耗	5	1	4	2	3
科技公共财政支出占公共财政支出的比重	1	2	3	4	5

资料来源：韩冰《关于加快合肥国家创新型城市建设的研究与思考》

尽管合肥在高新技术企业和规模以上企业的绝对数量方面都具有突出优势，但与政府投入和市场产出的鲜明对比一致，在相对数值方面，合肥的规模以上工业企业中具有研发机构的比例在省内并不突出，大企业的科技创新投入积极性有待提升（图8-2），这一情况在一定程度上也反映了2022年合肥城市市场性科技产出有待提高的现实问题。

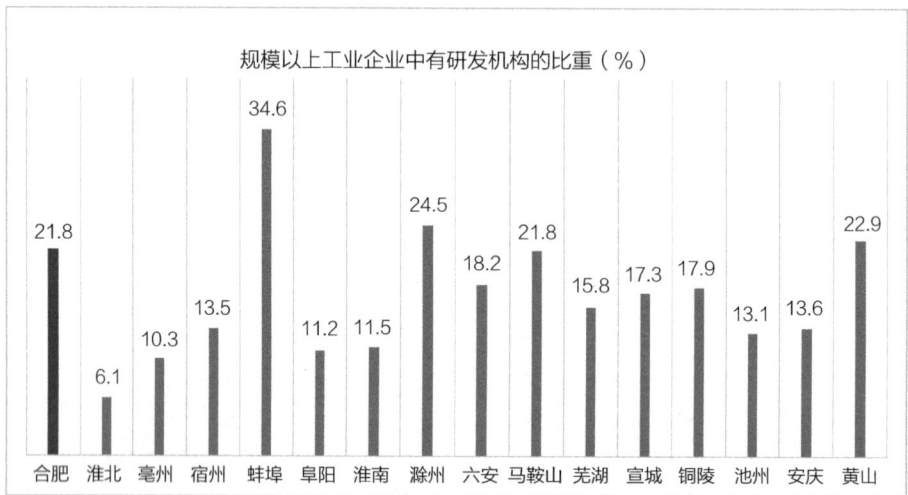

图8-2　不同城市规模以上工业企业具有研发机构的比例情况

数据来源：安徽省统计局

（2）创新要素集聚的高首位度特点带来的虹吸效应大于辐射效应

在创新要素的集聚方面，2022年合肥R&D人员折合全时当量及省级以上研发平台在绝对数值上远高于省内其他城市，且远高于排名第二的芜湖，周边城市与其差距更是悬殊（图8-3）；不仅如此，就研发平台的数量而言，在安徽省内，合肥的省级以上研发平台占全省的30.83%，国家级以上研发平台占全省的53.30%，虽然芜湖、马鞍山和蚌埠排名仅次于合肥，但差距明显（图8-4），由此形成了合肥的极高R&D人员和研发平台数量首位度优势。

需要指出的是，合肥作为省会城市和都市圈核心城市，从区域协调发展的视角来看，其所集聚的创新要素有着辐射和带动周边城市产业经济发展的特定使命，但就现实情况而言，合肥高新技术企业数量和高新技术产业总产值都远超省内周边城市，未能与周边城市形成梯次配置的产值结构体系，要素的高首位度集聚对于其作为核心城市所发挥的虹吸效应来说，辐射效应更为明显（图8-5）。

R&D 人员折合全时当量（人／年）

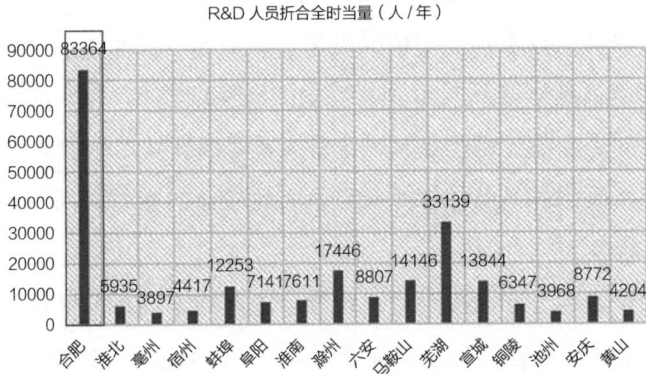

图 8-3　不同城市 R&D 人员折合全时当量情况

省级以上研发平台（家）

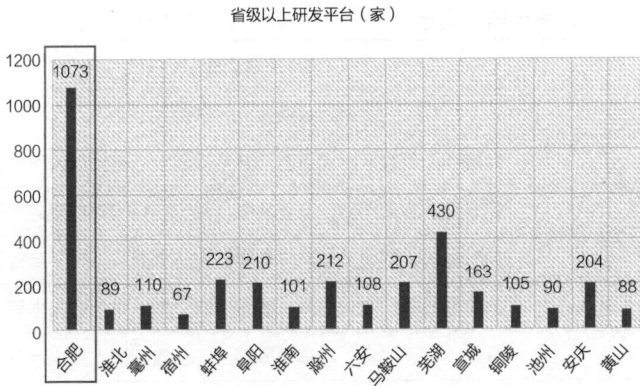

图 8-4　不同城市省级以上研发平台的数量情况

高新技术企业数量（家）

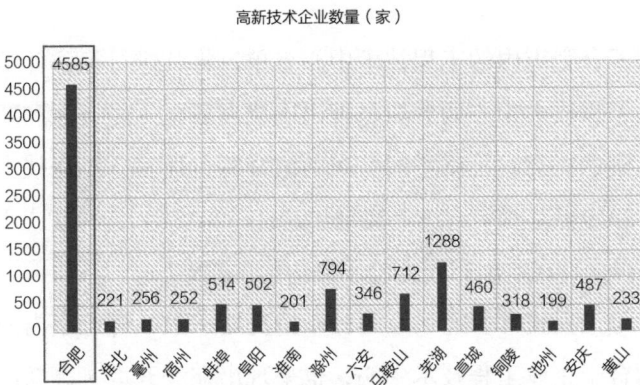

图 8-5　不同城市高新技术产业企业数量情况

资料来源：根据2022年科技统计公报绘制

（3）三大国家级产业区是城市高新技术产业、企业及技术性创新活动的承载主体

对比安徽省内高新技术企业的情况可见，就企业数量而言，合肥高新区和合肥新站高新区占全省高新区高新技术企业数量的56%，其中，合肥高新区最为突出，仅这一高新区内的企业数比例已经超过全省高新区高新技术企业数量的1/2，相对而言，合肥新站高新区内的高新技术企业数量占比较小，在省内高新区中落后于滁州高新区和蚌埠高新区。

与高新技术企业的分布情况一致，比较合肥市内不同行政区块的主导产业类型可见，高新区的主导产业在门类上呈现出明显的"高新性"，且契合了城市的战略性新兴产业培育导向（表8-2、图8-6）。

合肥市内不同行政区块的主导产业类型情况　　　　　　　表 8-2

地区	主导产业
老城区	金融业、商贸业、总部经济等
庐阳区	金融业、保险业、商贸业、文化旅游业、高新技术产业等
瑶海区	物联网、金融创新、文化创意、都市科技和都市服务业等
蜀山区	总部经济、商贸业、文化创意、生态旅游业、电子商务等
包河区	金融商务、文化创意、智慧健康、新一代信息技术等
经开区	家电、电子信息、汽车及零部件、装备制造、新兴产业等
高新区	智能家电、汽车及配套、新一代信息技术、光伏新能源、应急、生物医药、节能环保等
新站区	新型显示（集成电路）、智能装备制造、新能源、新材料等
滨湖新区	金融业、总部经济、文化产业、旅游业等

进一步整理了合肥市内的工程技术中心名单，将其进行标注并结合图面分析发现，合肥市内的工程技术中心的分布呈现出围绕高新区、经开区和新站区三大国家级产业区分级聚集的状态，且就空间分布的演绎特点而言，工程技术中心分布经历了从面上分散（2010年以前）到块上集聚（2011—2015年）、再到点上聚焦（2016年以来）的发展过程，且在空间布局上趋于集约化（图8-7）。

不仅如此，与工程技术研究中心的分布情况相一致，合肥市内的应用性研究院在空间布局上耦合于企业工程技术中心，也呈现出在经开区、高新区和新站区三个国家级产业区扎堆式集聚的状态。

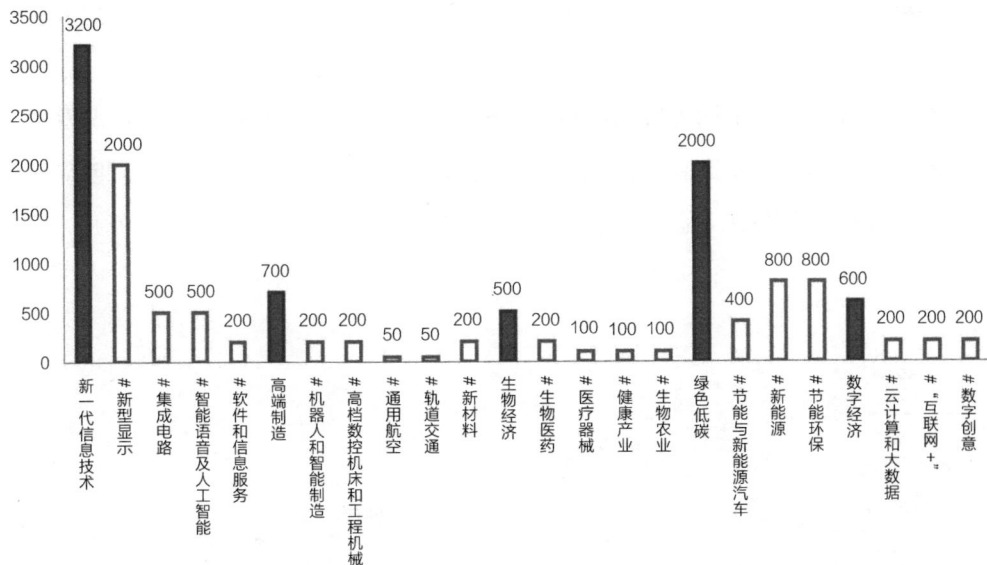

图 8-6　合肥市各战略性新兴产业在"十三五"末期的预计产值情况（单位：亿元）

资料来源：根据《合肥市"十三五"战略性新兴产业发展规划》相关数据自绘

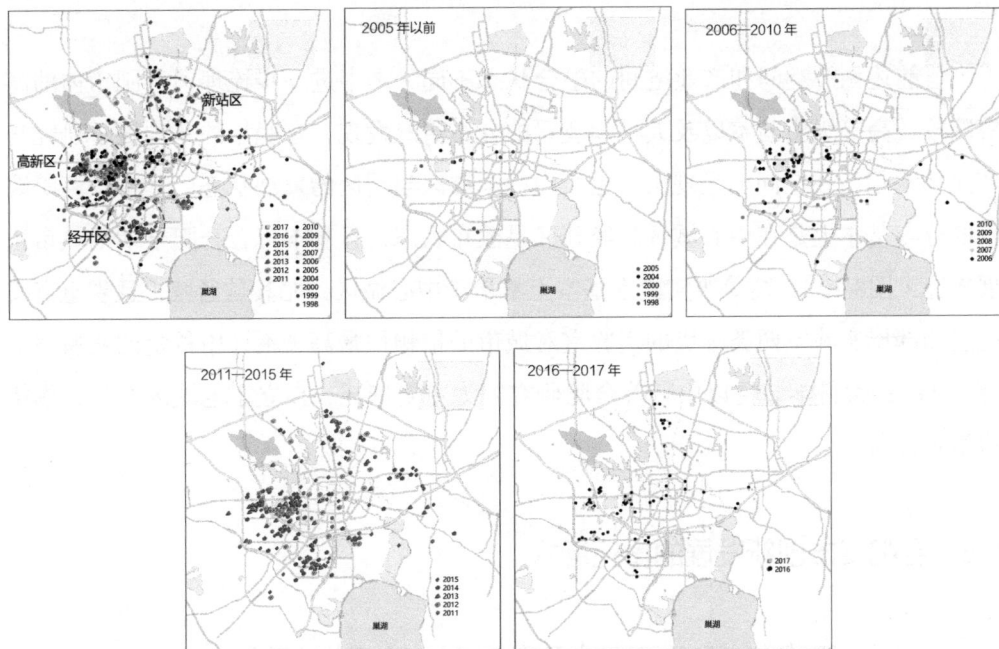

图 8-7　近二十年来合肥市成立的工程技术研究中心分布情况

（4）产创融合、产孵一体的发展态势业已成形，但产学研空间一体化的节奏有待加快

本书梳理了合肥不同等级的科技孵化器和众创空间在其市内的分布情况发现，科技孵化器基本上位于高新区、经开区和新站区三个国家级产业区内，众创空间在高新区内分布最为集中，呈现出与产业空间融合的发展态势（图8-8、图8-9）。

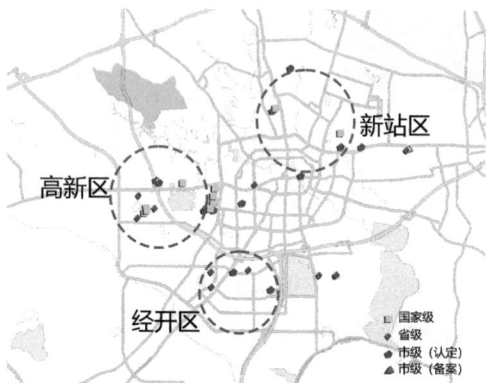

图8-8　不同等级孵化器的分布现状

图8-9　众创空间的分布现状

与前述创孵空间和产业空间的融合状态不同，本书进一步梳理了合肥市内的高等院校、高等级实验室以及大科学装置的分布情况发现，合肥市的基础科学研究与产业技术创新在空间上呈现出分据（中心）城区与园区的发展状态，其中，高等院校的分布基本上是在中心城区和经开区呈散布状态，且基本符合合肥早期的城市拓展轨迹（图8-10）；高等级实验室基本上集聚于中心城区，尤其是老城，且省重点实验室和部属实验室两类等级的实验室对城市的依赖性最高（不计中科院的实验室）（图8-11）；大科学装置以中科院合肥研究院为主要依托，孤立于老城区之外，围绕科学岛布局。

8.2　合肥城市创新发展的微观诉求

8.2.1　合肥城市创新发展的动力甄别：城市对人才的吸引力

城市创新发展的动力源自城市自身对于人的吸引力。如果说改革开放以来处于创业期的城市对于人的吸引力在于城市能够为其提供就业岗位，那么从创业期到守

图 8-10　隶属不同等级或部门的高等院校分布现状

图 8-11　不同等级实验室的分布现状

业期再到拓业期，城市对于人的吸引力则体现在其能够为人提供良好的生活和就业环境，即如今的城市面临的是"哪里有工作岗位就去哪里"向"哪里环境好去哪里，去了再找工作"过渡的社会需求形势，其中一个重要体现则是当下以开发区为支撑载体的城市逐步转向了创新区建设，这既是城市发展的科学路径，也是当前城市转型的必然选择（表8-3）。

城市创新发展的主要支撑载体分类　　　　　　　　　　　　　　　　表 8-3

载体类型		支撑理论
传统型载体	出口加工区（export processing zone）	增长极理论（growth pole theory）
	工业园（industrial park）	
现代型载体	科技园（science and technology park）	创新集群理论（innovation cluster theory）
	生态工业园（eco-industrial park）	可持续发展理论（sustainable development theory）
	创新区（innovation district）	企业家精神理论（entrepreneurship）

　　需要指出的是，在影响城市创新发展的各类人群中，尤以高学历和青年人群最为关键。以美国为例，其拥有本科及以上学历人口比例排名靠前的城市和20～34岁这一年龄段人口比例排名靠前的城市都是当前国际上知名度较高的大城市，如波士顿、洛杉矶、旧金山、西雅图、华盛顿、亚特兰大等（图8-12、图8-13）。因此，关注高学历和青年人群的需求是当前提升城市创新竞争力和储备城市发展动力的必然选择。

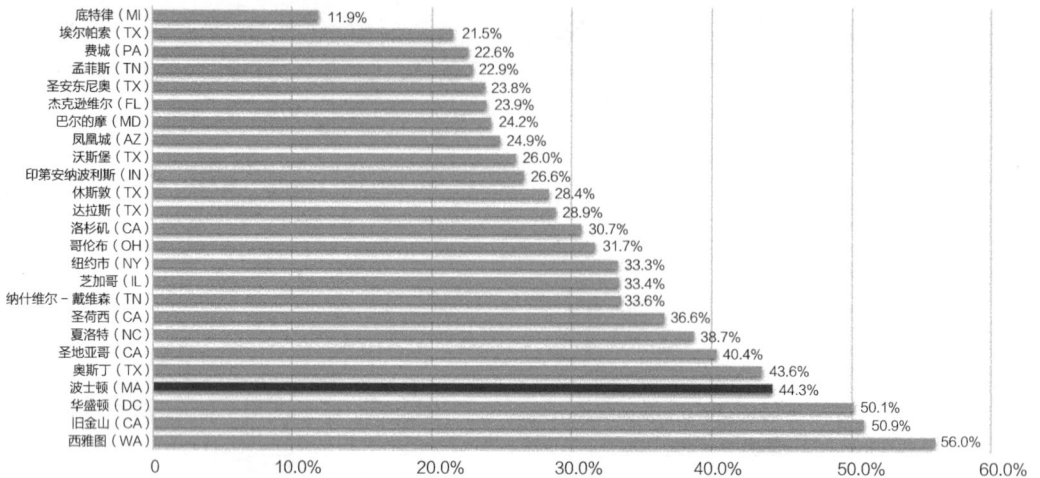

图8-12 美国拥有本科及以上学历人口比例排名

数据来源：美国人口调查局2010年数据

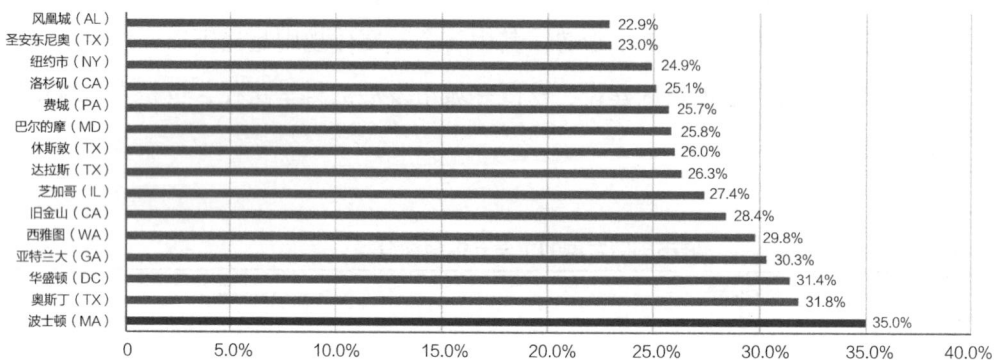

图8-13 美国20～34岁年龄段人口占总人口比例排名

事实上，现阶段我国政府及市场对城市创新发展的关注焦点也印证了上述结论。2016年4月，习近平总书记视察安徽，在中科大先研院集中检阅了合肥36家企业的76项科技成果与产品，对安徽、合肥的自主创新工作给予了充分肯定。中国指数研究院发布的《全面解读长三角》研究报告指出，当下经济与就业是提升城市吸引力的核心，环境、生活成本及便利性等是未来城市竞争的关键，由此更是表明，高学历和青年人群及其需求的重要性已经得到了广泛的关注和认可。

8.2.2 合肥城市吸引力情况的判断：基于企业及人才的调研

为了更为全面、实际地解读合肥对于创新人才的吸引情况，笔者通过与园区相关部门接洽，遴选了多家代表性企业，进行一对一调研，并对管理者、技术人员进

图8-14 代表性企业及调研现场情况

行访谈和发放问卷（图8-14）。基于调研、访谈和问卷等多种途径，形成了对当下合肥城市创新发展动力储备情况的判断。

（1）城市与创新企业及其人才的关联关系

研究基于对企业的调研及对从业人员的访谈情况，总结形成了当前企业发展及人才吸引的关联因素体系，分为微观环境层、中观条件层和宏观环境层三个层次的关联因素。其中，微观环境层涉及企业管理模式、企业文化、发展前景（预期）、薪资待遇等因素；中观条件层涉及创新载体、产业集聚、生活（商业）配套、公共交通等因素；宏观环境层涉及融资服务、生态环境、科技资源、政策扶持等因素。

从促进城市创新发展的角度出发，三个层次中的微观环境层因素的自主性主要来源于企业和人才本身，宏观环境层因素或是城市自身的特定资源或是相对缺乏高屏蔽性的软环境门槛，中观条件层因素则是提升城市对于创新企业及其人才吸引力的硬性抓手，也是今后城市创新发展规划行动的要点所在。

（2）被调研创新人群的构成及就业通勤特点

在访谈基础上，研究对企业的管理者和技术人员进行了问卷调研，从被调研人群的整体情况来看，在年龄构成上以26～35岁的年轻人员为主，在学历构成上以本科及以上学历的从业人员为主（图8-15、图8-16），这一情况也基本符合了城市创新发展动力的关键人群特点。

博士及以上: 2.97%
硕士: 14.85%
专科及以下: 12.87%
本科: 69.31%

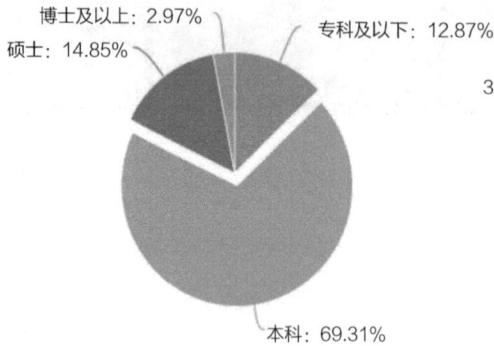

图 8-15　被调研人群的学历构成

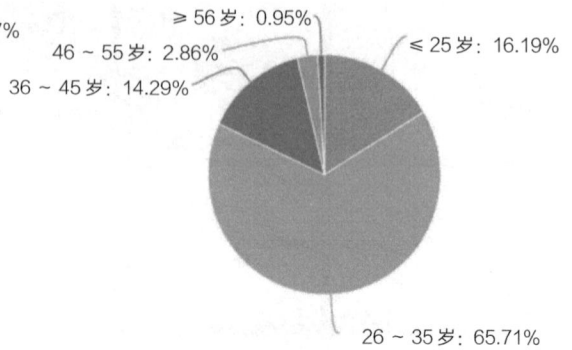

≥ 56 岁: 0.95%
46 ~ 55 岁: 2.86%
36 ~ 45 岁: 14.29%
≤ 25 岁: 16.19%
26 ~ 35 岁: 65.71%

图 8-16　被调研人群的年龄构成

在就业通勤方面，被调研人群采用最多的交通工具是私家车和自行车/电动车，选择公交车通勤的排在第三位，且结合访谈情况了解到，这也正是目前合肥城市通勤的突出短板之一（图8-17）；就业通勤时间以16~30分钟、30~45分钟两个时间段的情况最多，多数认为理想的通勤时间是30分钟以下（图8-18）。

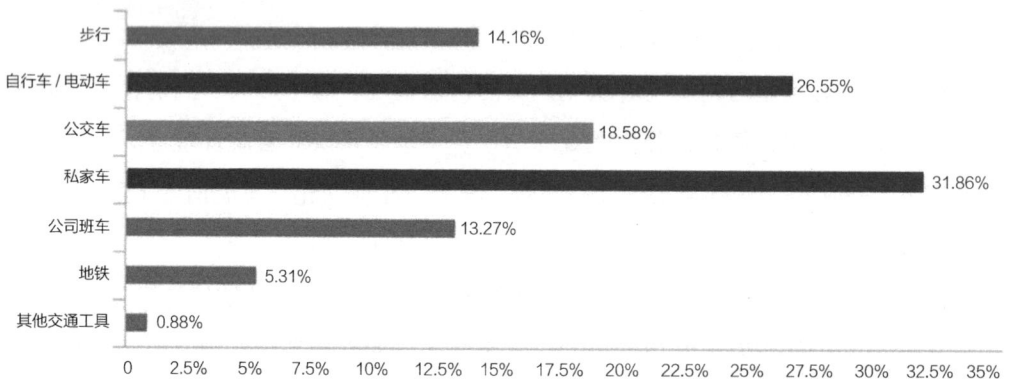

步行　14.16%
自行车/电动车　26.55%
公交车　18.58%
私家车　31.86%
公司班车　13.27%
地铁　5.31%
其他交通工具　0.88%

图 8-17　被调研人群上下班主要交通工具（出勤方式可多选）

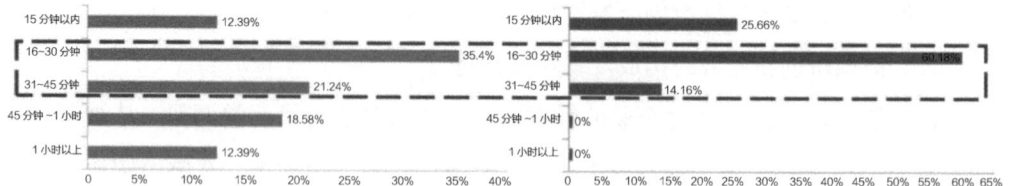

15 分钟以内　12.39%
16-30 分钟　35.4%
31-45 分钟　21.24%
45 分钟 ~1 小时　18.58%
1 小时以上　12.39%

15 分钟以内　25.66%
16-30 分钟　60.18%
31-45 分钟　14.16%
45 分钟 ~1 小时　0%
1 小时以上　0%

图 8-18　被调研人群的实际通勤时间（左）和理想通勤时间（右）

（3）影响城市及园区对创新人才吸引力的因素

在影响被调研人群选择在合肥就业的因素中，"离家较近"是城市和人群自身的硬约束；居住环境舒适、优质的创新平台多等被认为是合肥具有竞争力的因素；政策条件、社会福利、创新氛围则是合肥创新发展需要关注的长远性因素（图8-19）。这一情况反映出被调研人群对理想城市及其优势条件的认识上也存在一致性（图8-20），由此，也印证了当下城市提升自身创新竞争力的核心因素在于平台、环境、交通、服务等。

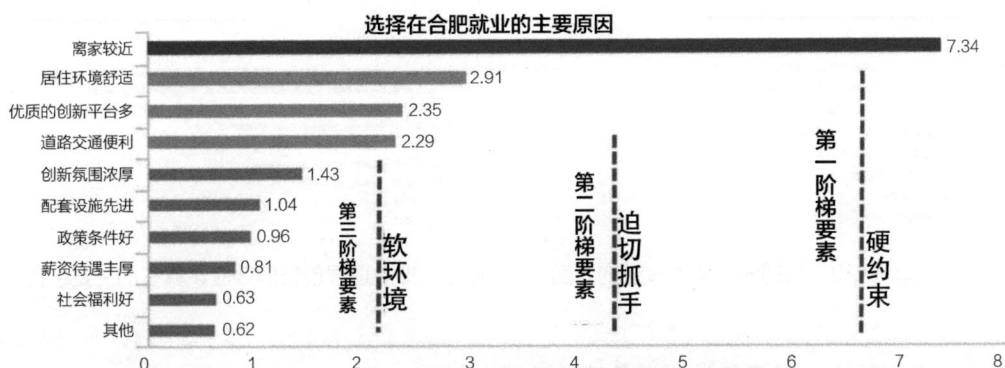

图 8-19　被调研人群选择在合肥就业的因素

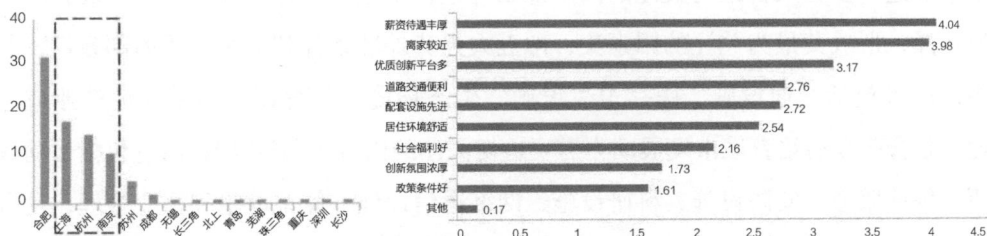

图 8-20　被调研人群的理想就业城市及选择理想城市就业的主要原因

进一步地，在影响被调研人群选择在合肥市内特定园区就业的因素中，园区的产业、工作环境、创新平台、创新氛围、区位等因素起到了重要的作用（图8-21）。对于当前园区的不满意情况主要体现在对外交通、内外部配套设施等方面（图8-22），而这些方面的因素也正是被调研人群所期许的理想园区应当具备的条件（图8-23）。

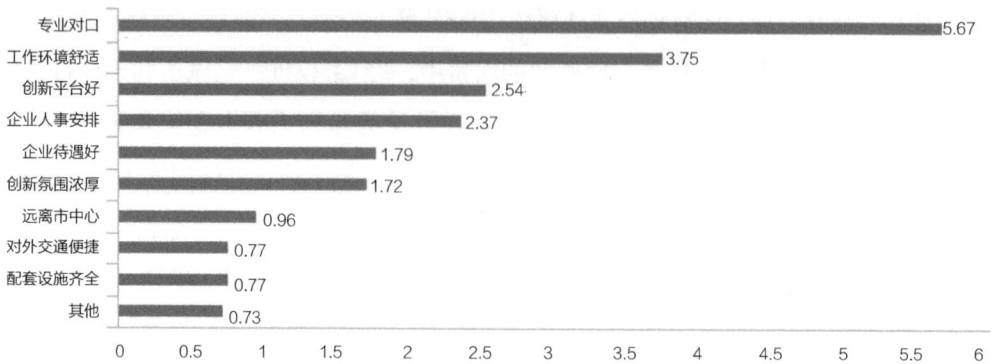

图8-21 被调研人群到园区（高新区、经开区、新站区）就业的主要原因

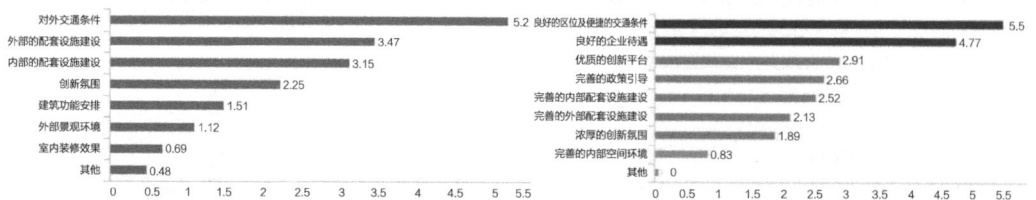

图8-22 当前园区需要改进的方面　　图8-23 理想创新园区应该具备的主要条件

（4）创新人才对于各类要素条件的敏感度判断

通过梳理被调研人群对于合肥城市及内部园区的创新发展条件满意度的情况，本章节进一步将人群最为关注的内外部条件进行了整理，并将此条件交由被调研人群选择，形成其最为关注的因素集，即五大强势外部条件和七个重要内部条件，其中，前者包括交通设施、医疗卫生设施、生态环境、教育设施和带动性产业或企业，是合肥今后培育城市发展动力需要迫切关注的内容（图8-24）；后者包括运动场所、餐饮服务、安防设施、科研设施、网络通信设施、停车设施和物业管理，是合肥今后优化城市创新发展基础条件的基本要求（图8-25）。

8.2.3 合肥城市综合条件评估：基于评价体系的吸引力校验

为了校验基于微观诉求分析的城市吸引力判断结论可靠与否，需要更为全面地评估合肥城市发展的综合条件，因此，本书建构了城市综合发展水平评价体系，将合肥市与全国副省级以上城市、省会城市（自治区省会及特区除外）以及苏锡常等进行比较，涉及经济绿色发展（经济条件）、环境清洁宜居（环境条件）、社会开放包容（公共服务条件）、生活高效便捷（交通条件）等分项。

经济绿色发展方面强调需设计紧凑、便捷、高效的城市街区，达到对资源、能

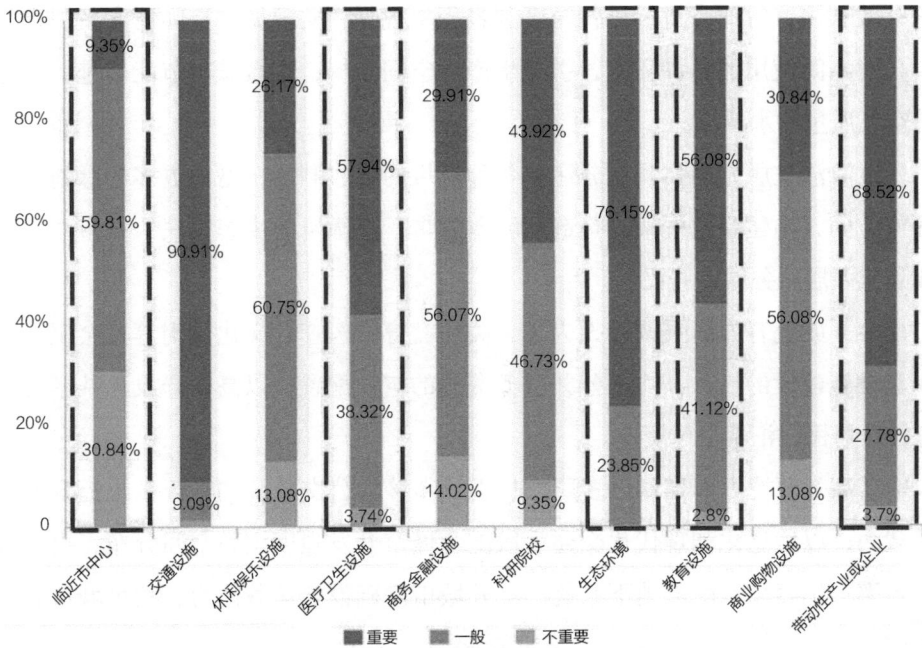

图 8-24 外部环境条件的满意度情况

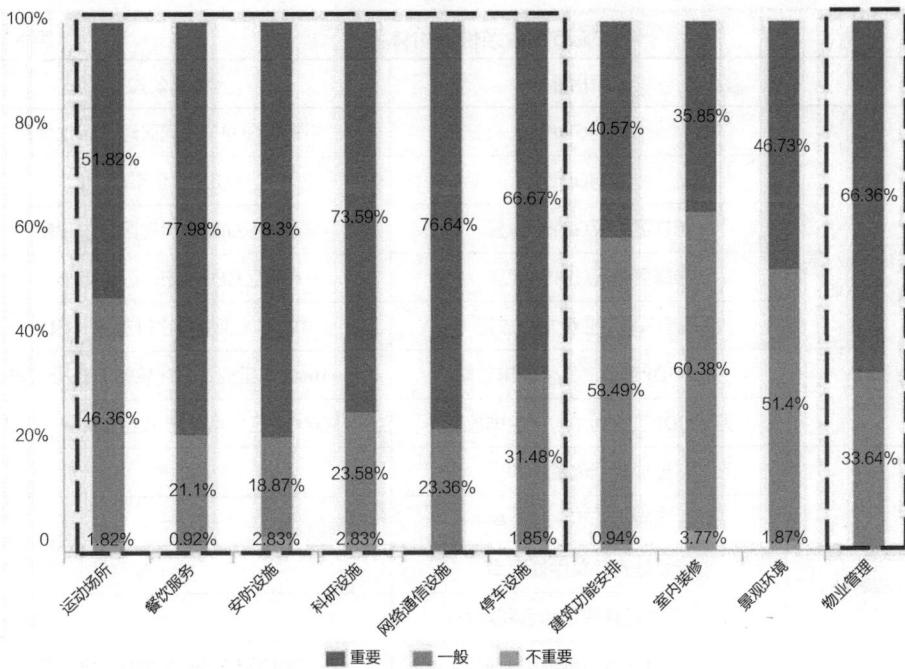

图 8-25 内部环境条件的满意度情况

源的有效利用；对现有建筑进行密度和容积率规划，实现城市空间再开发，满足人口增长对空间使用的各种需求，引导生产力空间布局；推行城市节能措施，改善城市的空气质量和水环境。

环境清洁宜居方面强调充分注重各种垃圾的回收利用；增加更多的绿地、水系和开放空间，构建绿色框架，打造环城游憩带；以优越的生态基底、城市高安全系数和品质人居服务城市居民。

社会开放包容方面强调以人为本，关注教育、医疗、文化休闲等社会服务，增加配套设施建设的投入，均衡公共服务资源的空间配置；以高度开放和共享的姿态服务社会居民，汇聚全球资本。

生活高效便捷方面强调以多层次、无缝衔接的公交系统和慢行系统提升城市交通承载力；以信息化和现代化交通手段配合城市开发强度调整空间分布，提升城市通勤效率；扩容城市隐形地下系统，提升城市基础设施承载能力，满足城市居民生活需求。

各分项涉及的具体考量指标和计算方式具体如表8-4所示。

城市综合条件评价体系　　　　　　　　　　　　　　　　　表8-4

分项	二级指标	计算公式
经济绿色发展（经济条件）	地均GDP	市辖区GDP÷市辖区建设用地面积
	人均GDP	全市GDP÷全市总人口
	市辖区万元GDP用水量	市辖区GDP÷市辖区供水总量
	市辖区万元GDP用电量	市辖区GDP÷市辖区供电总量
	万元GDP工业废水排放量	10000×工业废水排放量÷GDP
	万元GDP工业二氧化硫排放量	10000×工业二氧化硫排放量÷GDP
	万元GDP工业烟（粉）尘排放量	10000×工业烟（粉）尘排放量÷GDP
环境清洁宜居（环境条件）	建成区绿化覆盖率	—
	生活垃圾无害化处理率	—
	污水处理厂集中处理率	—
	一般工业固体废物综合利用率	—
	建成区人均绿地覆盖面积	建成区绿化覆盖面积÷总人口
社会开放包容（公共服务条件）	当年实际使用外资金额占GDP比重	当年实际使用外资金额÷GDP
	每十万人医院、卫生院床位数	100000×医院、卫生院床位数÷总人口

分项	二级指标	计算公式
社会开放包容 （公共服务条件）	每百万人剧场、影剧院数	1000000×剧场、影剧院数÷总人口
	每百人公共图书馆藏书	100×公共图书馆藏书÷总人口
生活高效便捷 （交通条件）	万人拥有公共汽车数	10000×公共汽车÷总人口
	互联网宽带接入用户数比例	—
	人均城市道路面积	市辖区城市道路面积÷总人口
	建成区排水管道密度	排水管道长度÷建成区面积

各分项评价结果为："经济绿色发展度"评价中合肥处于中下游；"环境清洁宜居度"评价中合肥位列前五；"社会开放包容度"评价中合肥处于中下游；"生活高效便捷度"评价中合肥处于中上游（图8-26、图8-27）。

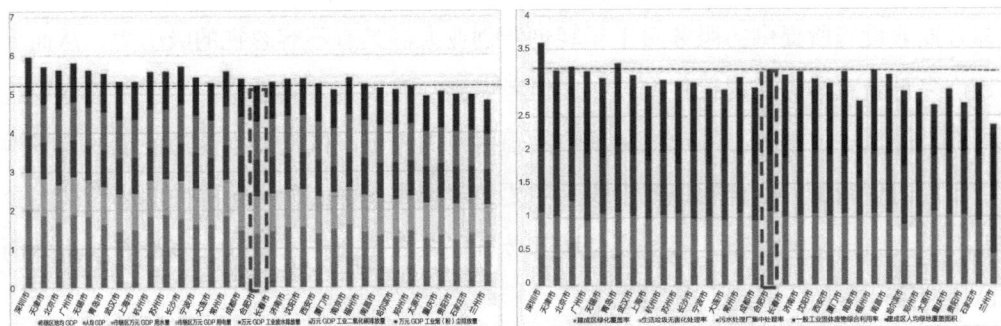

图8-26　经济绿色发展（左）和环境清洁宜居（右）分项评价结果

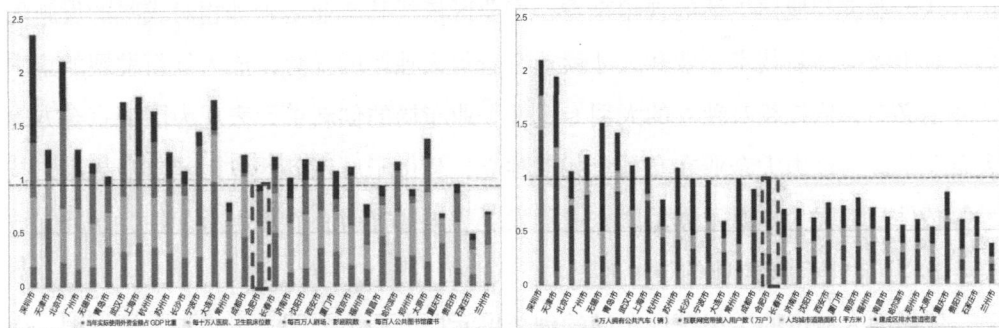

图8-27　社会开放包容（左）和生活高效便捷（右）分项评价结果

数据来源：历年《中国城市统计年鉴》《中国城市建设统计年鉴》

综合以上评价结果可见，合肥在"生活高效便捷度"方面具有优势，但在"社会开放包容度"方面呈现劣势；在"环境清洁宜居度"方面具有优势，但在"经济绿色发展度"方面呈现劣势。以上结果集中体现为高标准的环境要求与迫切的经济增长诉求、优势的要素流动条件与趋于瓶颈的公共服务设施配套两大突出矛盾，且这一情况也基本印证了前述对于创新企业及其从业人员诉求的调研分析结论。

8.3 合肥城市创新发展的中观表现

合肥城市内部的创新（空间）单元布局基本吻合了城市创新空间区位选择的典型模式，并有新的实践拓展，即依托知识智力要素的密集区、依托配套服务完备的生活区、依托要素流通便捷的节点地带、依托发展成熟的产业区载体、依托相对独立的大型专业性企业和依托融入城市的生态资源板块。其中，依托知识智力要素密集区布局的创新单元以位于合肥中心城区和经开区的高等院校为主要集聚板块。

依托配套服务完备的生活区布局的创新单元以合肥中心城区为主要集聚板块，综合商业设施所提供的服务对于年轻创新创业人群具有不容忽视的吸引力，从而导致许多创新主体仍在附近集聚分布，但考虑到空间成本，其通常不会位于这些设施内部，而是多位于核心区边缘和预估的辐射范围内部；依托要素流通便捷的节点地带布局的创新单元以合肥地铁沿线为主要集聚走廊，中心城区范围内的高新技术企业多沿着轨道交通分布，郊区或是城郊接合区域的高新技术企业大多沿着城市外围的快速路分布，且靠近快速路接口。

依托发展成熟的产业区载体布局的创新单元以高新区和经开区为主要集聚板块，从产业链和便捷生活的视角来看，产业区依托其产业基础和相对成熟的设施配套，对于吸引高新技术企业和人才就业有着得天独厚的优势，成为创新发展的集中地亦是必然；依托相对独立的大型专业性企业布局的创新单元表现为围绕京东方等大企业集聚，该类大企业在布局上相对独立，且位于城市郊区，因其自身规模、技术等条件足够强大，对于其关联企业的发展和人才吸引有着不可替代性，因此，该类企业周边也是创新企业的集中地。

依托融入城市的生态资源布局的创新单元以大蜀山公园及王咀湖、柏堰湖、南艳湖等周边地区为主要集聚区域（图8-28）。城市内部的生态资源是城市功能的组成部分，除了自身的生态功能之外，在融入城市的过程中还承担着休闲、游憩和城市美化等诸多功能，这些角色对于以创新人才为核心的创新要素而言具有天然的吸引作用。

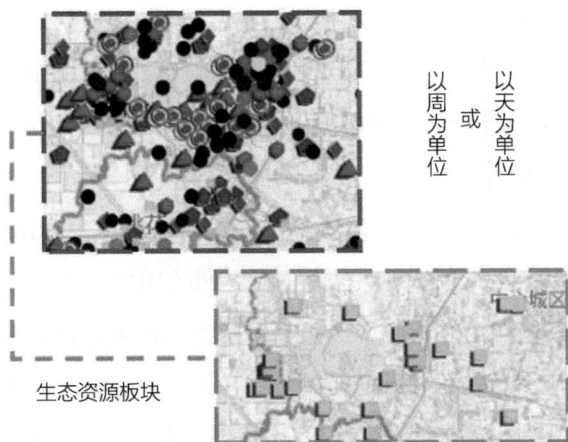

图8-28　围绕大蜀山公园及王咀湖、柏堰湖等的创新单元集聚情况

在上述创新空间的布局模式的相互作用下，合肥形成了自身城市创新空间的布局景观（图8-29）。

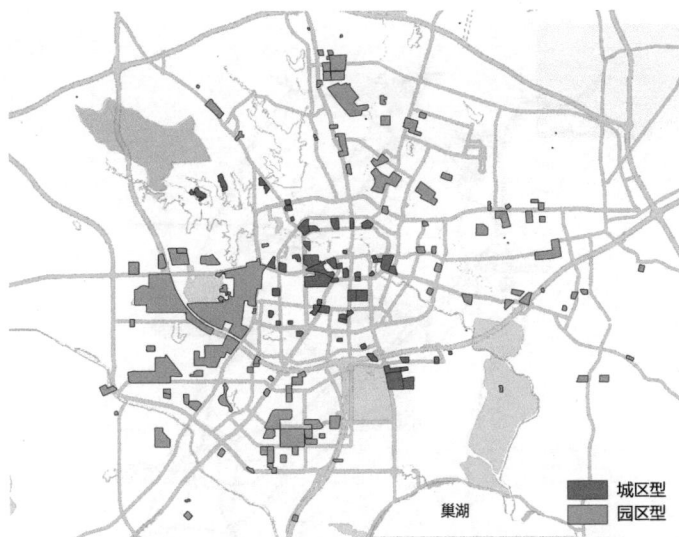

图8-29　不同布局模式下创新单元集聚形成的城市创新空间布局情况示意

8.4　现代科学城市建设的先行经验

基于合肥城市创新空间的布局现状和城市创新发展所处的阶段及其表现出的特

点，本章节选取了国内外科学城市建设的典型案例，并遴选了杭州市作为对标城市，系统梳理既有典型经验，为合肥今后的科学城市建设路径提供参考。

8.4.1 国外科学城市建设的典型案例

（1）波士顿：世界科教名城

波士顿的城市发展经历了四个阶段，即开辟阶段（1630—1822年）、城市确立阶段（1822—1874年）、港口制造业发展阶段（19世纪中叶—20世纪初）、城市更新发展阶段（20世纪中期至今）。其间，波士顿逐渐由殖民城市向贸易港口、制造业中心过渡，最终成为智力、技术与政治思想的中心。波士顿城市创新能力的增长伴随着高校及科研机构的增加及其综合化过程，核心特点在于以校立城、校城双兴。

（2）硅谷：著名大湾区，世界创新极

硅谷是以旧金山湾为"V"字形的湾带地区（图8-30）。在科教资源方面，该地区拥有斯坦福大学和加州伯克利分校两所世界名校，该地区及周边地带还分布着其他众多美国国内知名的专业性大学和地方性学院。这些科教资源的存在与硅谷的形成有着密切的联系，实现互促互补。

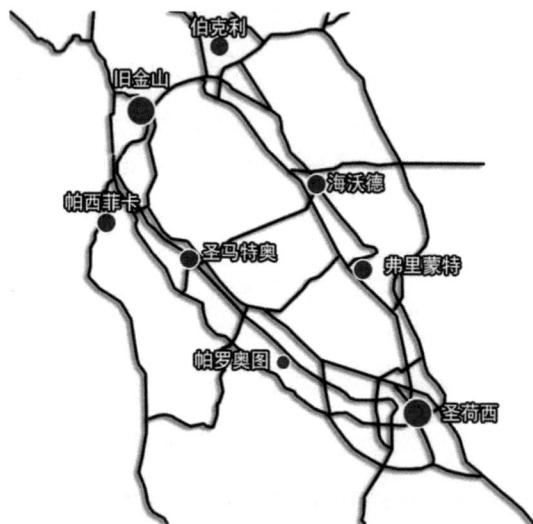

图8-30　旧金山湾沿岸主要城市区位及交通线路示意

硅谷地区现阶段已经形成了居住、服务与就业的全融合状态，除了位于山景城的谷歌等少数企业之外，大多数科技企业均坐落于居住社区之中，即便是谷歌，其靠近旧金山到圣荷西一线地区的一侧也是与综合服务门店、其他科技企业与居住区相融合的状态，生产、生活、生态三者在功能与空间布局上均实现了自然有机的组合。由此可见，硅谷地区这一科技创新集中带实则是一个融合居住、公共服务与科技研发于一体的综合性区域，且这一区域的功能与空间组织模式亦是美国自主创新的标本与示范。在这一区域内，居民、各类科研与服务人员的诸多生产与生活活动都能够井然有序地展开。硅谷地区生产与生活相融合的状态与环境恰能使其在几十年来一直保持着持久的活力（图8-31）。国际上众多知名的科技企业基本上都在此设有研发基地，并散落于居住区内，相互之间已经建立了长期的信息与产业链沟通渠道。

图 8-31 硅谷地区的环境氛围及状态

（3）筑波：现代科学城，知名创新地

筑波新城位于东京东北60km，有约20万人口。在科研资源方面，筑波是日本政府建立的第一个科学城，以基础科研为主，涉及建设技术开发中心、土木研究所、筑波大学、国立科学博物馆、机械技术研究所、植物病毒研究所、国家环境研究所、国家农业技术研究所等多家单位。现阶段的筑波科学城在科技资源组织方面，遵循相似系类聚合的原则，即科研教育区通过学科、专业划分为若干小片区，把隶属同一系统的科研单位集中布置，如此设置大大提高了设备利用率，也节省了建设投资；在交通组织方面，注重人车分离，将人行步道作为主要轴线，同时，为了保证良好的科学环境，体现以人为本的城市空间，城市中轴线采用步行—汽车分离式，将步道作为主要轴线，串联教育—科研—服务等基本功能，并在沿线塑造具有科学城特色的空间风貌。

不仅如此，筑波科学城的公共服务设施的空间分布也相对均衡，小集聚大分散，覆盖面广。设施类型方面，在满足基本需求的同时，还考虑到了多样性和品质性，不仅有综合性医院，还有专科医院和私人诊所；在设施分布密度方面，总量与人均指标较高，提升了居民生活质量和设施可达性。同时，筑波科学城还注重社区氛围的营造，将社区级公共设施（如诊所、幼儿园、小学、小游园等）放在首要位置。

（4）小结

通过比较国外科学城市建设的案例，本节进一步梳理了各案例对合肥城市创新发展的借鉴要点，具体如表8-5所示。

国外科学城市建设经验的借鉴要点 表8-5

城市	知名特色	借鉴要点
波士顿	世界科教名城	以校立城，校城双兴
硅谷	著名大湾区，世界创新极	产—学—研共生，生产—生活—生态共融
筑波	现代科学城，知名创新地	科技立市，宜居宜业之城

8.4.2 对标城市（杭州）的典型经验

聚焦国内城市，杭州作为当前的科创先锋城市，其创新空间的布局不仅反映了传统的集聚与扩散机理，在构建城市创新空间体系方面也形成了比较具有借鉴意义的发展模式，为此，本书将其作为对标城市进一步展开解析。

（1）杭州城市创新空间体系的建构思路

从杭州城市空间的拓展思路来看，历次空间拓展伴随的都是城市产业经济的转型，从工业经济到服务业经济再到信息经济，而在空间拓展过程中，均有依托生态公共品成就活力城市空间的建设行动（图8-32）。

聚焦到城市创新空间，也都与这些活力城市空间在区位上具有一定的耦合性，其间还有机整合了周边的产业区资源、科创载体资源和公共服务资源（图8-33），这对于合肥在上述资源的整合和创新空间体系的构建思路方面具有直接的启发性。

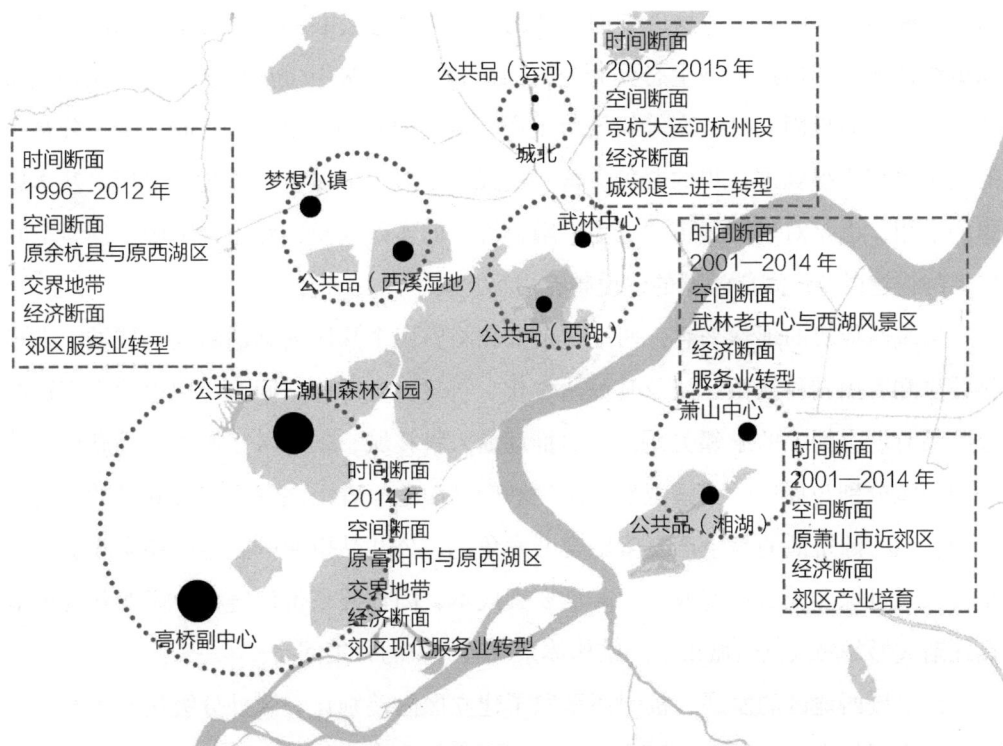

时间断面
2002—2015 年
空间断面
京杭大运河杭州段
经济断面
城郊退二进三转型

时间断面
1996—2012 年
空间断面
原余杭县与原西湖区
交界地带
经济断面
郊区服务业转型

公共品（运河）

城北

梦想小镇

公共品（西溪湿地）

武林中心

公共品（西湖）

时间断面
2001—2014 年
空间断面
武林老中心与西湖风景区
经济断面
服务业转型

公共品（午潮山森林公园）

时间断面
2014 年
空间断面
原富阳市与原西湖区
交界地带
经济断面
郊区现代服务业转型

萧山中心

公共品（湘湖）

时间断面
2001—2014 年
空间断面
原萧山市近郊区
经济断面
郊区产业培育

高桥副中心

图8-32　杭州城市生态公共品与城市建设的空间关系

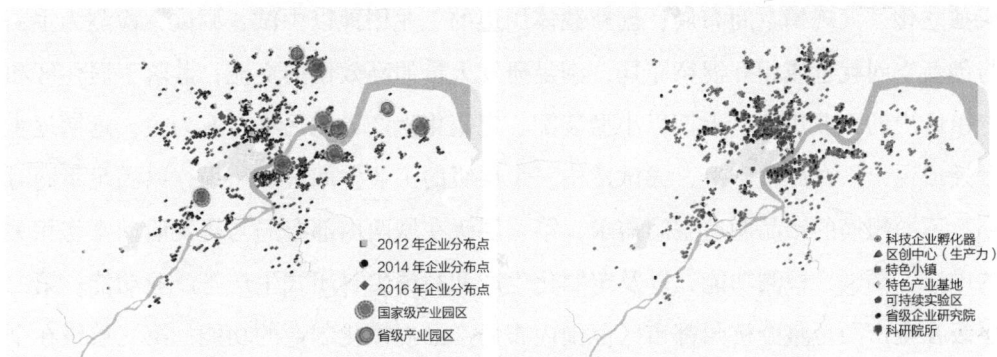

2012 年企业分布点
2014 年企业分布点
2016 年企业分布点
国家级产业园区
省级产业园区

科技企业孵化器
区创中心（生产力）
特色小镇
特色产业基地
可持续实验区
省级企业研究院
科研院所

图 8-33　杭州产业区和科创载体与高新技术企业的分布对比情况

（2）城市旗舰板块（城西板块）的创新空间组织模式

杭州城西地区以科创大走廊为引领，以建设"全球领先的信息经济科创中心"为目标，各类科创载体在近年来快速集聚，已逐渐成为浙江全省产业转型升级和创新发展的重要平台。现有规划提出城西地区打造形成"一廊"（生态廊）"三链"（创新链、产业链、资本链）的创新创业生态圈，强调城西地区的开发要恪守"生态为基、功能高端"的要求，这一导向反映的是城市生态公共品与活力源联动的创新空间组织模式，即通过大型生态公共品的保护和提升，吸引生产要素，突破原始积累期瓶颈，从而巩固其打造高等级城市生产、生活中心的竞争力，其间，生态公共品的条件也相应得到进一步的改善。这一模式既是对当前城市可持续发展理论基本思想的沿用，也是对当下城市"三生"融合诉求的实践反映，对于合肥城市创新空间体系的构建以及滨湖科学城的建设颇有借鉴意义。

从城西板块的现状来看，西湖、余杭和临安三个片区内部的浙大科技城、未来科技城和青山湖科技城三城及其周边孵化、科研、生产等空间都与周边的生态资源公共品有着空间上的毗邻关系，能够推动浙大科技城、未来科技城和青山湖科技城等动力源分别与周边的西溪湿地、南湖和闲林湿地、青山湖等生态公共品的联动，其中，动力源扮演的是生产要素融合开发角色，公共品扮演的是生产要素吸引积累角色。通过综合人居环境改善、降低要素成本、固化外来价值链，使城西各发展节点逐渐成形并融入杭州城市空间结构体系及其对应的分工网络。

针对城西地区的发展，杭州还采取了建立区内差别化、区外分级化的生产空间利用及发展导向。在城西地区内部，对不同类型生产空间（以工业用地为主）制定差异化、特色化的发展策略。产业园区以大规模制造为主，加快推进机器换人，形成独立化、大规模空间布局；创新载体周边的工业用地以中试、调试、检测为主，与创新空间就近或相互混杂布局，满足研发人员的高效便捷交流；散落于居住区和老镇区内的工业用地，近期以小型装配、定制化生产等无污染产业为主，远期逐步搬迁或退出。在此基础上，尝试建构三个层级的工业空间区域格局，以满足不同时期、不同规模的产品制造空间需求，第一层级在城西内部布局与研发活动密切相关的中试、调试、检测功能，以及定制化生产和高精尖封闭式生产等产业功能；第二层级在全市乃至整个杭州都市区范围内布局产品规模化制造的功能；第三层级在全省范围内布局从研发到制造、再到销售的全产业链条，产品面向全国及国际市场（图8-34）。

8.4.3 综合性国家科学中心的比较借鉴

（1）上海张江科学城

上海张江科学城内集聚了一批研发机构、创新人才及高新技术企业，生物医药、信息通信等是其优势产业，在建设原则上强调科创能力，突出融合、多元，体现绿色、交流，营造持续的城市活力。在空间结构上打造一心两核、多圈多廊，其

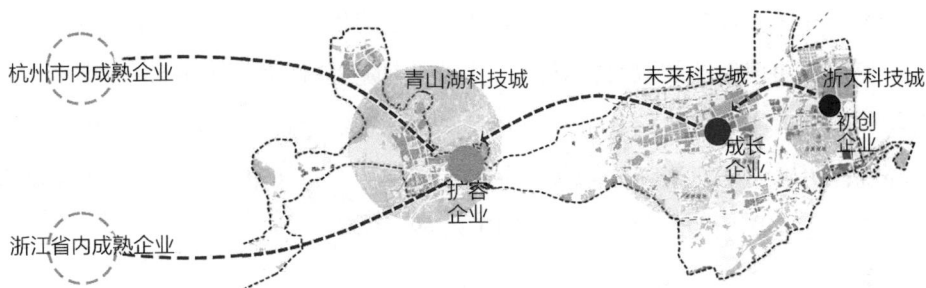

图 8-34　创新的梯度扩散脉络示意

中"一心"指以科创为特色的市级城市副中心;"两核"指张江科学城南北"一主一副"科技创新核;"多圈"指依托公共交通站点的社区生活圈;"多廊"则指依托川杨河、北横河、咸塘港、浦东运河等的城市生态廊道。

在发展导向方面,张江科学城致力于打造科研要素更集聚(8个大科学设施项目、7个科技创新项目)、创新创业更活跃(7个科技创新项目、11个生态环境项目,如河岸绿地改造)、文化氛围更浓厚(11个城市功能项目)、交通出行更便捷(11号地铁与13号地铁,轨交21号线与机场联络线)、生活服务更完善(11个城市功能项目)、生态环境更优美(30个基础设施和生态环境项目)的科学城。

(2)北京怀柔科学城

北京怀柔科学城北邻雁栖湖生态发展示范区,南接中国影视产业示范区,西邻怀柔城区,范围内具备雁栖湖经济开发区、雁栖小镇等载体,以及中科院部分研究所,一些前沿性高新技术项目也在陆续布局。怀柔科学城在建设原则上遵循高点定位、开放合作、全面改革、内涵发展四项原则;在空间结构上打造"一心一核三区","一心"指打造高端引领、要素集聚、功能完备、梯次布局的科学城中心区;"一核"指在中心区北部,打造活力迸发、圈层互动、辐射效应明显的科学聚核;"三区"包括科学城北区、中心区、南区。

在发展导向方面,怀柔科学城致力于打造重大科技基础设施和高端科技人才集聚区,以全面支撑国家实验室建设,加快推进综合性国家科学中心建设,提升怀柔科学城的国际影响力,高标准建设绿色生态智慧人文科学城,创新建设运营机制,构建高水平科技服务体系,促进产业结构转型升级,强化生活保障服务为导向。

(3)经验比较借鉴

通过对上海和北京的两个综合性国家科学中心及其依托载体的分析可见,上海张江既是科学城,又是科创人才聚集的大社区;北京怀柔是城市内部的大型科技服务平台。二者对于合肥建设综合性国家科学中心的借鉴性主要体现在：兼顾市场技术创新和基础知识创新的双目标导向；发展"大院大所+大创新平台+中小微空间"的创新载体群；注重生活配套服务的升级；将生态资源融入科学城，以优化生活与生产环境；明确大空间清晰分区和小空间有机组合的空间组织方式；发挥对城市内部其他板块乃至周边城市的辐射引领作用（图8-35）。

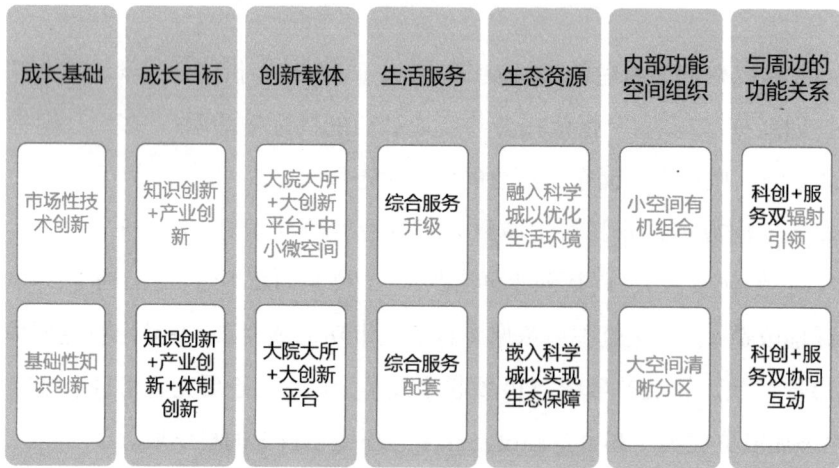

成长基础	成长目标	创新载体	生活服务	生态资源	内部功能空间组织	与周边的功能关系
市场性技术创新	知识创新+产业创新	大院大所+大创新平台+中小微空间	综合服务升级	融入科学城以优化生活环境	小空间有机组合	科创+服务双辐射引领
基础性知识创新	知识创新+产业创新+体制创新	大院大所+大创新平台	综合服务配套	嵌入科学城以实现生态保障	大空间清晰分区	科创+服务双协同互动

图 8-35　综合科学中心的建设经验比较

8.5　创新合肥的科学城市跃迁路径

8.5.1　合肥城市创新发展的脉络

自21世纪以来，合肥城市创新发展既是从跟跑到并跑、再到领跑的角色演绎过程，也表现出了高质量、快节奏的脉络特点，具体节点如下：在"十五"期间，获批为国家首个科技创新试点市；在"十一五"期间初步建成了一系列科技创新基础设施和一批大科学装置，并于2010年成为国家创新型城市试点；经过"十二五"时期的五年建设，一批高水平创新平台陆续成形，科技创新与产业创新成果不断涌现，创新驱动效应在经济社会发展领域得到充分显现；2017年发改委和科技部联合批复了合肥建设综合性国家科学中心的方案，2018年10月安徽省委、省政府为滨湖科学城成立揭牌，合肥建设现代科学城市的发展导向业已成形；2020年，合肥首次进入"万亿GDP城市俱乐部"；2021年12月10日，在合肥市十六届人大常委会第三十一次会议上，合肥将每年的9月20日设为"合肥科技创新日"。

需要指出的是，在发改委、科技部联合批复的三个综合性国家科学中心中，相较于北京怀柔、上海张江，只有合肥是以城市命名，且倾全市之力建设，因此，合肥综合性国家科学中心是以滨湖科学城为核心载体的现代科学城市，这也正与基于合肥城市创新发展脉络演绎的发展导向一致。

8.5.2　现代科学城市建设的路径线索

通过前述对合肥城市创新发展基础、诉求与表现三个层次的分析，结合国内外现代科学城市建设的先行经验，本书认为合肥的创新发展具有以下四大特点：其一，从发展形势来看，其处于粗放发展转向精细管理的冲突期；其二，从发展诱因来看，其处于小康生活迈入品质生活的升华期；其三，从发展表现来看，其处于传统产业经济走向新产业经济的酝酿期；其四，从发展关键来看，其处于由"小创新"升级为"大创新"的淬炼期。这四大特点也正揭示了合肥向现代科学城市跃迁的路径线索，具体如下：

线索一——提升合肥的人才吸引力，培育可持续的城市发展动力，以政策体系的建构、公共配套的加强、生态本底的彰显为重点关注要点。

线索二——构建完整的城市创新链，强化合肥现代科学城市创新内核，以形成"源头创新—技术研发—成果转化—新兴产业培育+传统产业升级"这一系统化的创新空间及承载功能体系为抓手。

就线索一而言，在城市创新发展的支持政策方面，近些年从安徽省到合肥市相继密集出台相关鼓励政策，但政策的系统性有待加强，集中体现在人才引进和资金支持等领域。在人才引进方面，比较有代表性的政策包括《关于合肥综合性国家科学中心建设人才工作的意见（试行）》《关于进一步支持人才来肥创新创业的若干政策》、合肥人才政策"20条"（图8-36）、《关于进一步吸引优秀人才支持重点产业发展的若干政策（试行）》等；在资金支持方面，合肥制定的2018年"六大工程"投资计划中，专门提出了对应的创新创业工程项目（图8-37），在《合肥市促进经济发展若干政策》中，合肥市提出鼓励科技创新研发、持续扩大有效投资、加大融资支持力度等20条具体政策以推动城市创新发展。

在城市公共配套方面，城市现有的公共服务设施布局与规划引导方案存在着一定的不匹配性，且这种不匹配性反映在城市居民的使用方面表现为居民的生活幸福感降低、社会满意度下降等现象以及城市土地利用低效的实际情况，不但降低了城

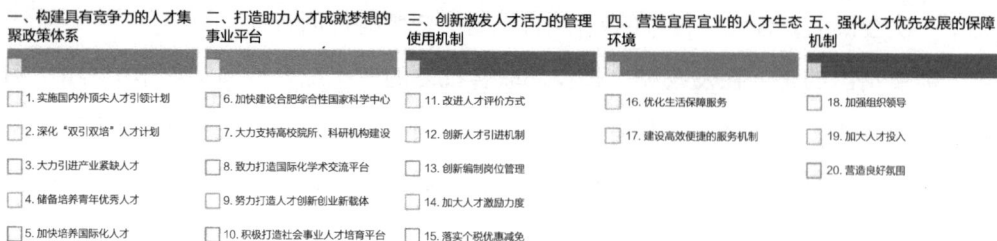

一、构建具有竞争力的人才集聚政策体系	二、打造助力人才成就梦想的事业平台	三、创新激发人才活力的管理使用机制	四、营造宜居宜业的人才生态环境	五、强化人才优先发展的保障机制
□ 1.实施国内外顶尖人才引领计划	□ 6.加快建设合肥综合性国家科学中心	□ 11.改进人才评价方式	□ 16.优化生活保障服务	□ 18.加强组织领导
□ 2.深化"双引双培"人才计划	□ 7.大力支持高校院所、科研机构建设	□ 12.创新人才引进机制	□ 17.建设高效便捷的服务机制	□ 19.加大人才投入
□ 3.大力引进产业紧缺人才	□ 8.致力打造国际化学术交流平台	□ 13.创新编制岗位管理		□ 20.营造良好氛围
□ 4.储备培养青年优秀人才	□ 9.努力打造人才创新创业新载体	□ 14.加大人才激励力度		
□ 5.加快培养国际化人才	□ 10.积极打造社会事业人才培育平台	□ 15.落实个税优惠减免		

图 8-36　合肥人才政策"20 条"框架

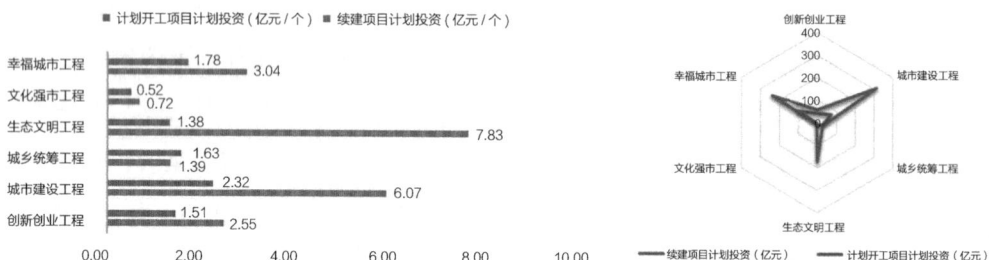

图 8-37　合肥市"六大工程"投资计划：单个项目平均投资额、总投资额情况

资料来源：根据合肥市2018年"大新专"重点项目投资计划整理绘制。

市对人才的吸引力，而且不利于城市创新的持续健康发展。

就城市生态本底而言，作为大湖名城的合肥不仅拥有巢湖这一区域型生态资源，在城市建成区内部也有着丰富的蓝绿资源，以大蜀山公园、南艳湖、柏堰湖、王咀湖、翡翠湖等为代表，但生态资源与城市的关系尚处于空间嵌入而非功能融入的状态，城市内部的创新单元有围绕这类生态资源布局的迹象，但尚未形成成熟的创新空间布局范式。

近年来，依托良好生态本底而成形的科技城市层出不穷，一些老牌的科技型城市也在尝试梳理和打造自身的生态景观，以期复兴城市的创新活力。在依托生态资源而快速崛起的城市案例中，有一类特定的城市创新发展模式被称为"波兹曼模式"，与依托高科技园区成功发展的"硅谷模式"及以城市服务配套更新推动科技发展的"硅巷模式"不同，其基于丰富的自然资源来发展创新经济，成为美国西部落后山区成功转型的典范，这一模式对于同样具有良好生态本底和一定科技资源积累条件的合肥也具有参考意义。

就线索二而言，合肥城市创新空间布局体系的建构首先需要基于不同布局模式当前所处的发展阶段，本书结合调研的实际情况和各类创新单元的布局现状认为，目前合肥的不同创新空间布局模式大致可以分为三个阶段：酝酿阶段、成长阶段和成熟阶段，其中，处于酝酿阶段的是依托配套服务完备的生活区和要素流通便捷的节点地带两种布局模式，以当前城市诸多结构性中心的周边和靠近轨道交通站点的商务楼宇等为代表；处于成长阶段的是依托知识智力要素的密集区和融入城市的生态资源板块两种布局模式，以大学城以及大蜀山、南艳湖、柏堰湖、王咀湖等板块为代表；处于成熟阶段的是依托发展成熟的产业区载体和相对独立的大型专业性企业两种布局模式，以高新区、经开区（南区）以及新站区的京东方为代表（图8-38）。

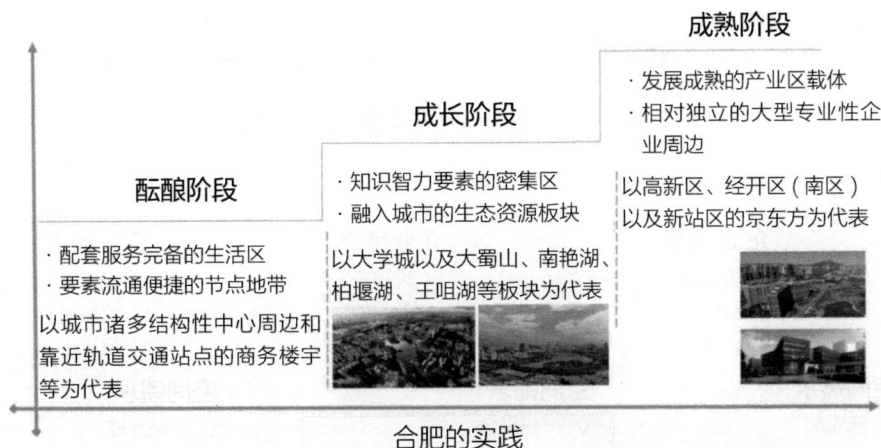

图 8-38　合肥不同创新空间布局模式的发展阶段

基于不同创新空间布局模式所处的发展阶段，结合创新空间的规模及内部企业特点，还需要将合肥的城市创新空间进行进一步分类，进而构建城市创新链并嫁接于城市产业链，从而形成对应的城市创新空间及其功能承载体系。

以两条线索的推进现状为基础，今后合肥可在同步推进两条线索，蓄积城市长远发展动力的同时，系统建构城市创新体系，进而完成"科教城"→"科学城"→"科学城市"三步走路径（图8-39）。

8.6　体系导向的城市创新空间组织

8.6.1　创新空间的分类及布局引导

（1）创新空间的分类

本章节在前述城市创新空间布局基础上，以创新链构建为导向，从创新空间的

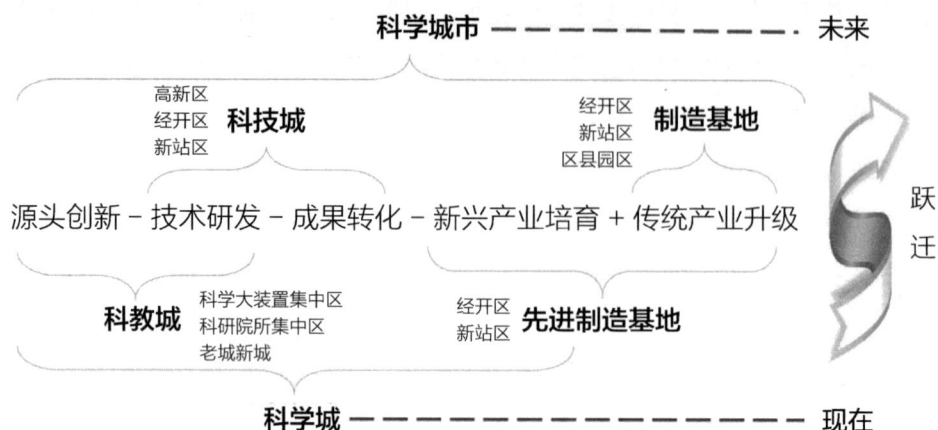

图 8-39 合肥现代科学城市建设三步走路径示意

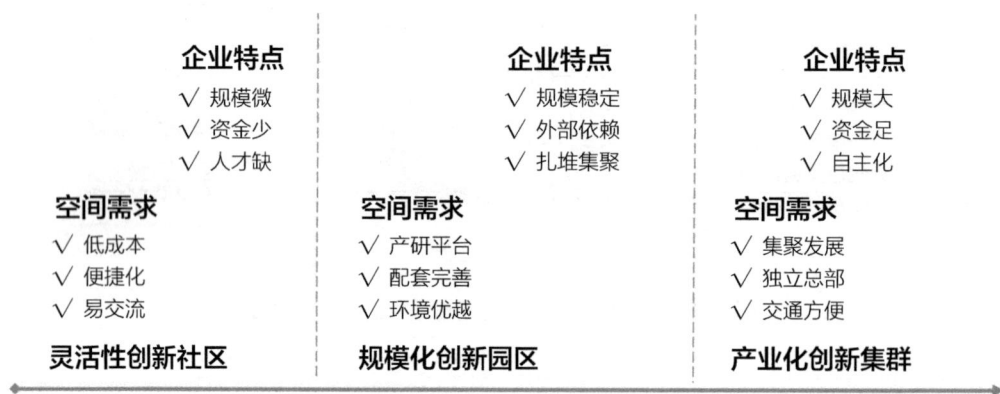

图 8-40 不同类型创新空间的特征

空间需求和内部企业情况属性出发，将其分为三种类型：灵活性创新社区、规模化创新园区和产业化创新集群（图8-40）。

灵活性创新社区为生活导向型的创新空间，主要位于中心城区及外围城区的若干板块；规模化创新园区为要素导向型的创新空间，又可分为技术型和知识型两个子类，主要位于高新区、经开区、区县园区以及大装置集中区等板块；产业化创新集群为产业导向型的创新空间，主要位于经开区、新站、空港等板块。

不同类型创新空间与城市现有创新空间布局模式及对应板块的关系情况如图8-41所示。

不同类型创新空间在合肥城市创新发展过程中肩负着不同的使命，其中，灵活性创新社区的使命在于让创新活力回归城市，以营造合肥的城市创新氛围、复兴中

老城、新区等生活配套功能完善的城市板块 → 灵活性创新社区 — 配套服务完备的生活区

— 要素流通便捷的节点地带

高新区、开发区等成熟产业区内部具有交通、环境、服务等优势的特定板块 → 规模化创新园区 — 知识智力要素的密集区

— 融入城市的生态资源板块

城郊或下辖县市物流便捷且有某类产业的龙头企业布局的区域 → 产业化创新集群 — 发展成熟的产业区载体

— 相对独立的大型专业性企业周边

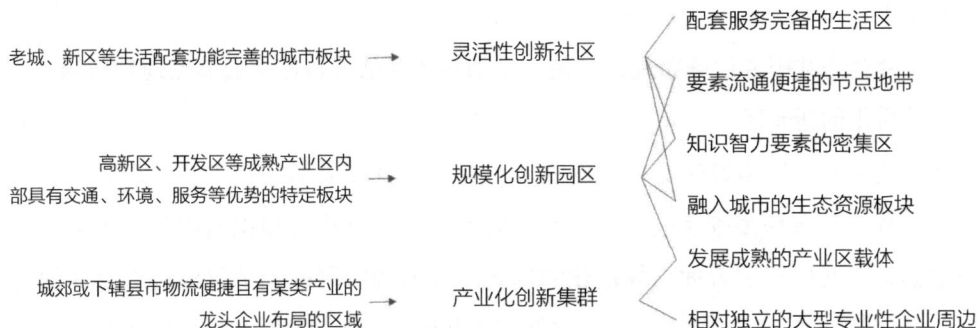

图8-41 不同类型创新空间与城市现有创新空间布局模式及对应板块的关系

心城区创新活力为主要导向；规模化创新园区的使命在于让创新要素集聚回归市场，以推动城市产学研高效合作、打造合肥特色创新空间为主要导向；产业化创新集群的使命在于让创新主动性回归企业，以鼓励龙头企业加大科技投入、提升自主创新积极性为主要导向。

（2）不同类型创新空间的布局引导

①灵活性创新社区

创新社区要结合城市的主干路或地铁线路以及若干交通节点进行布局，并考虑与城市既有功能空间（如居住、商业、商务）和特定公共服务设施（如城市综合体、口袋公园）的搭配（图8-42）。

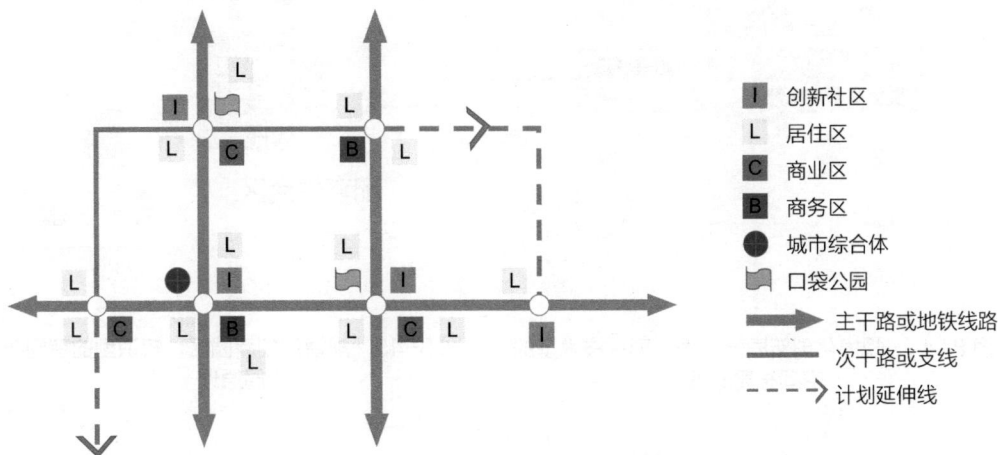

I 创新社区
L 居住区
C 商业区
B 商务区
● 城市综合体
▸ 口袋公园
→ 主干路或地铁线路
— 次干路或支线
--→ 计划延伸线

图8-42 创新社区的空间布局原理

基于上述考虑，本书将创新社区的布局引导分为两种典型类型：一是引导创新社区结合社会公共服务设施布局；二是引导创新社区结合轨道交通节点地带布局。

②规模化创新园区

规模化创新园区多数位于合肥的主要产业区，且其成形的过程亦是产业区化整为零的过程，其布局多围绕公共（生态、服务）资源或特定知识型创新主体展开。在内部创新单元的组织方面，规模化的创新园区强调以园区为单位构筑综合性创新服务平台、促成官—产—学—研合作并补齐公共服务短板（图8-43～图8-45）。

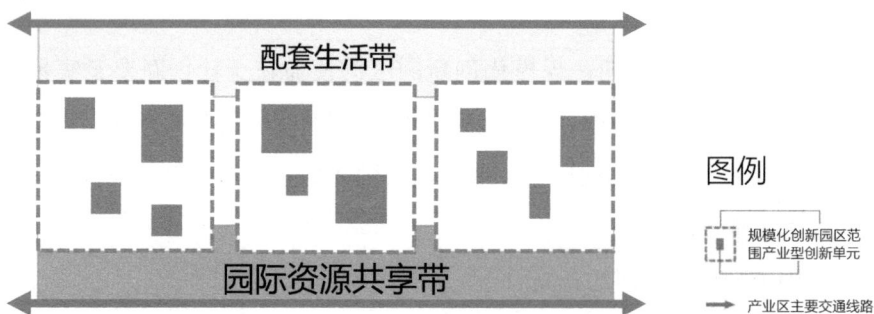

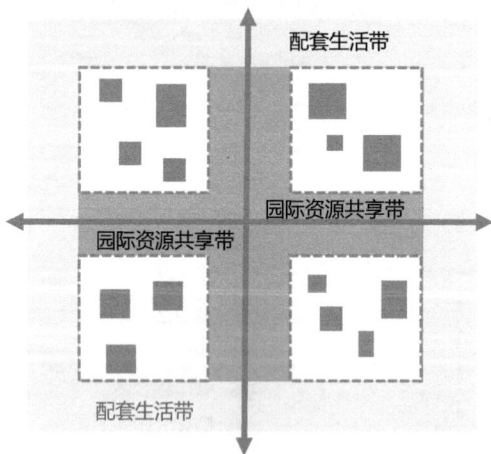

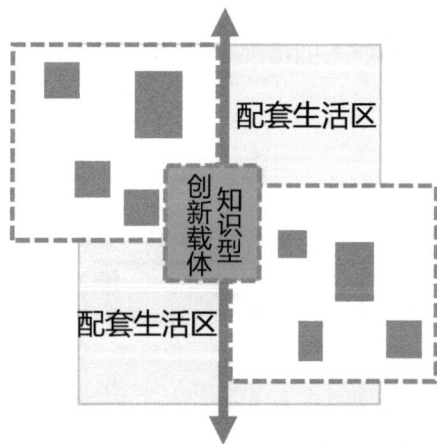

图 8-43　规模化创新园区：条带形—技术型的空间布局原理

图 8-44　规模化创新园区：围合形—技术型的空间布局原理

图 8-45　规模化创新园区：知识型的空间布局原理

规模化创新园区在产业区内部的布局引导还需要结合自身的发展、建设情况及地理条件，据此形成围绕公共资源或知识型创新主体且在规模上具有差异的创新园区，进而根据其现状条件和规模情况，按照对应的创新服务配套标准予以完善和引导。为了进一步说明这一原理，本书以南艳湖周边区域为例，将其划分为若干功能板块，其中包含规模化创新园区五个，由此也形成了与之对应的规划导则指引方案，涉及不同规模化创新园区的体量、特点、导向和配套要求等内容（图8-46）。

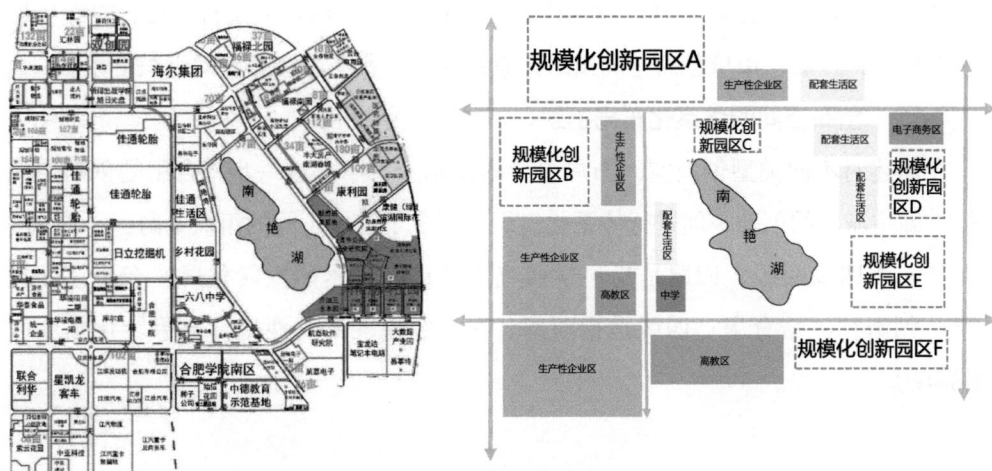

图 8-46 南艳湖周边土地使用情况及功能区划分情况示意

③产业化创新集群

产业化创新集群是反映创新链嫁接于产业链最为直接的创新空间类型，其通常依托某类或某几类产业而形成专业性的创新集群，并在周边配备一定体量的生活和商业服务功能（图8-47）。

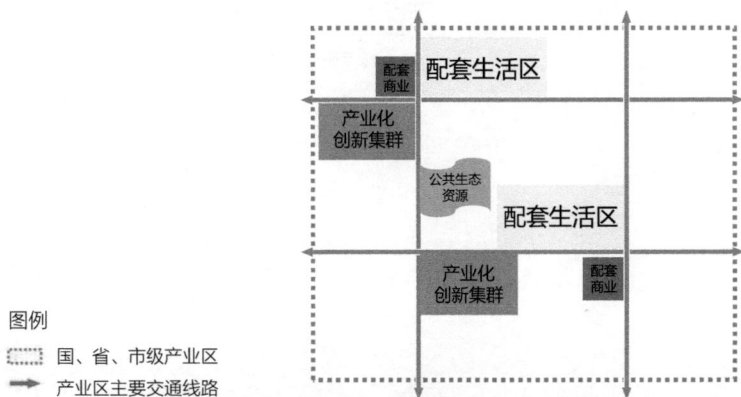

图 8-47 产业化创新集群的空间布局原理

在产业化创新集群内部，由于大中小企业的研发单元混合，规划在布局指引上要支持领军企业组建专业化研究院、鼓励规上企业发展技术研究中心、引导中小企业结合产业链布局。同时，由于合肥的产业化创新集群以城市产业区为主要载体，其布局也应结合主城区及市域的产业布局体系。

在与产业布局体系相结合的过程中，本书基于产业化创新集群的属性特点，建构了四个层级的区域创新及其产业化体系（图8-48）。一级：滨湖科学城；二级：城市创新集群；三级：市域创新空间组织体系；四级：都市圈创新空间组织体系。

8.6.2　创新空间的体系化布局组织

在前述对不同类型创新空间布局引导的基础上，本书进一步将合肥的创新空间主体，即主城区的创新空间进行体系化组织，形成了三个不同的组织导向：

其一为四扇四区，四扇是指科学研究实验扇、技术研发转化扇、产研综合提升扇、创新社区培育扇；四区是指西部、东部、东北部、西南部成果转化拓展区（图8-49）。

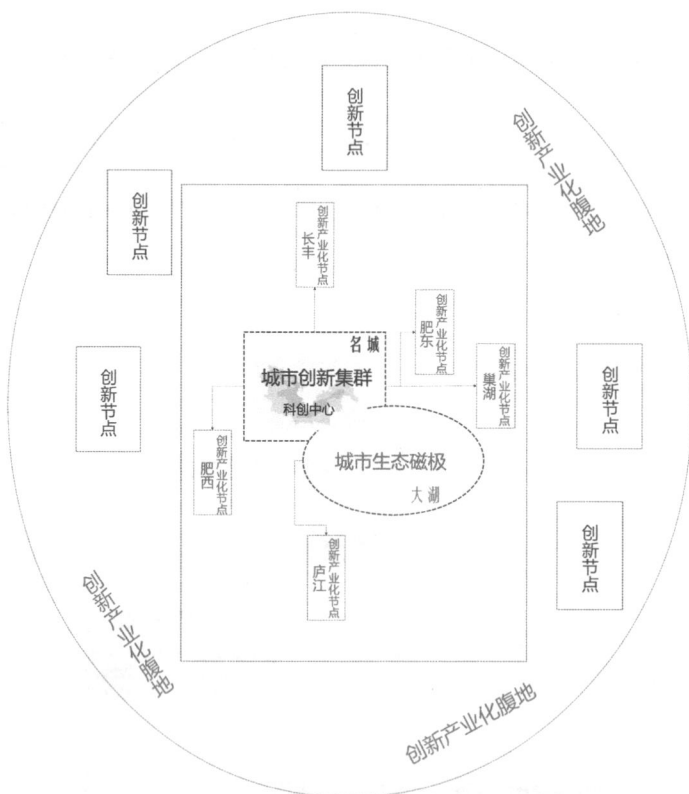

图 8-48　市域及都市圈创新空间组织体系示意

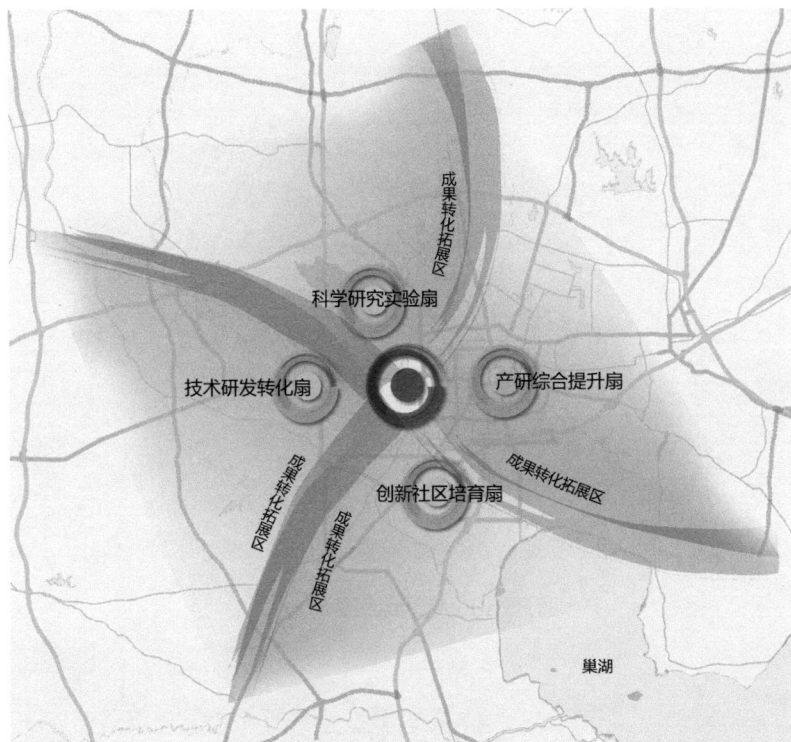

图 8-49　空间组织导向（一）

该导向的成形基于从工业驱动的城市空间"三扇"到智慧城市建设的智慧"三扇"，之后将科技创新分化为基础科学研究创新和产业技术创新为设计基础，以构建完整且关联性强的合肥城市创新链（线索二）为空间组织主线，按照源头创新—技术研发—成果转化—产业集聚（成果转化拓展）的创新链，结合城市内部不同板块的功能本底进行城市内部板块的创新发展定位，形成科学研究实验扇、技术研发转化扇、产研综合提升扇、创新社区培育扇，同时，应注重结合邻近的生产性板块进行成果转化的拓展。

其二为两区一环，两区是指要素导向型创新区、生活导向型创新区；一环是指产业导向型创新环（图8-50）。

该导向的成形以当前合肥形成的三大创新空间类型为城市空间分区的参考，遵循创新要素由内向外扩散的经典范式，强化中心城区的综合服务功能，基于不同类型创新空间的属性（如规模、区位等）差异进行城市空间分区的界定。

其三为两廊两区，两廊是指方兴大道科创大走廊、东北智造大走廊；两区是指前沿科学装置区、城市活力创新区（图8-51）。

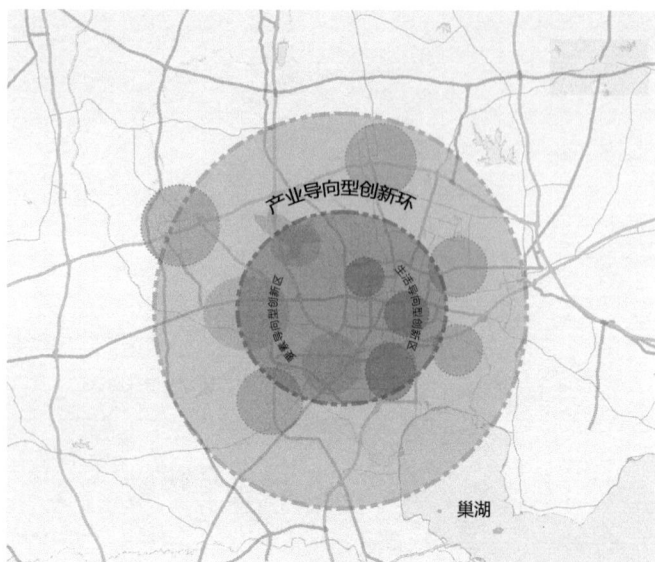

图 8-50　空间组织导向（二）

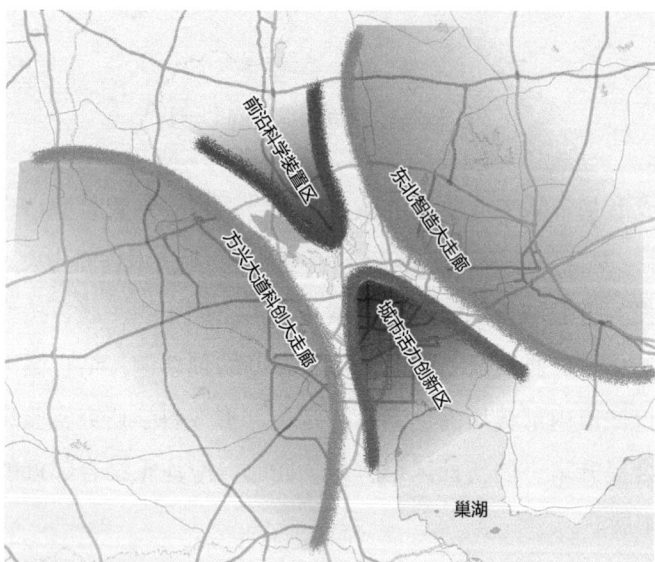

图 8-51　空间组织导向（三）

　　该导向的成形是基于当前合肥城市服务功能和各类公共服务设施存在向南、向西拓展的现实情况，以及主城区东西两翼依托三大园区及区县园区渐趋成形的科创与智造特征，注重现代科学城市氛围营造（线索一），结合城市创新功能分布特征（线索二）进行未来创新空间的组织，并以空间轴线为创新环节链接廊道，兼顾创新功能链与空间链的叠合。

进一步地，本书比较了三种创新空间组织导向的优劣势情况，具体如下。

导向一：在城市层面统筹建构创新链，并按照城市内部板块的功能特色进行有机分工；传承城市空间结构的演化脉络，与现状城市空间结构进行高度融合，创新空间的体系化程度稍弱；强调在现有城市空间结构下全方位谋划现代科学城市。

导向二：遵循城市创新空间的拓展规律，并结合不同类型创新空间的特定属性；城市服务功能升级和城市创新活力复兴同步，推进难度相对大；强调中心城区的产—创—城高度融合以及城市边缘区创新成果转化的高度产业化，推进成效相对缓慢。

导向三：强调城市创新基质培养，注重实现创新功能与空间的同步关联；在空间组织上与滨湖科学城建设方案相耦合；呼应当前国内先行城市科创类走廊建设的趋向。

经过比较分析，研究认定导向三为推荐方案，并将该导向对应的空间承载功能情况进行说明：

①方兴大道走廊既串联了相对密集的城市公共服务设施与蓝绿生态资源，又依托空港、高新区、经开区等载体形成产学研一体化的科创成果应用转化体系，打造成为科创大走廊。

②东北部今后基于新站区与区县园区，通过空间轴线塑造，形成先进制造集群，打造成为智造大走廊。

③以科学岛为中心的大装置集中区依托中科院合肥研究院等科研中坚力量打造前沿科学装置区，并与科创大走廊一道构建滨湖科学城创新体系。

④老城区与滨湖地区一道依托相对完备的城市服务功能营造创新氛围，形成城市活力创新区。

在上述导向基础上，研究针对不同类型的创新空间进行了分布上的指引，其中，灵活性的创新社区主要位于城市活力创新区呈散点状分布，并围绕城市轨道交通站点和公共服务节点展开；规模化创新园区围绕大蜀山公园、王咀湖、柏堰湖和南艳湖等城市公共生态资源形成1500~2000m的布局引导区；产业化创新集群根据不同产业区的产业选择差异和产业区内部的创新单元分布情况形成集约化布局引导区（图8-52）。

具体到滨湖科学城这一载体，作为城市核心创新载体的滨湖科学城正是集聚了合肥主城区最好的"山林河湖"生态资源，包括湖泊生态空间八处，分别为巢湖、

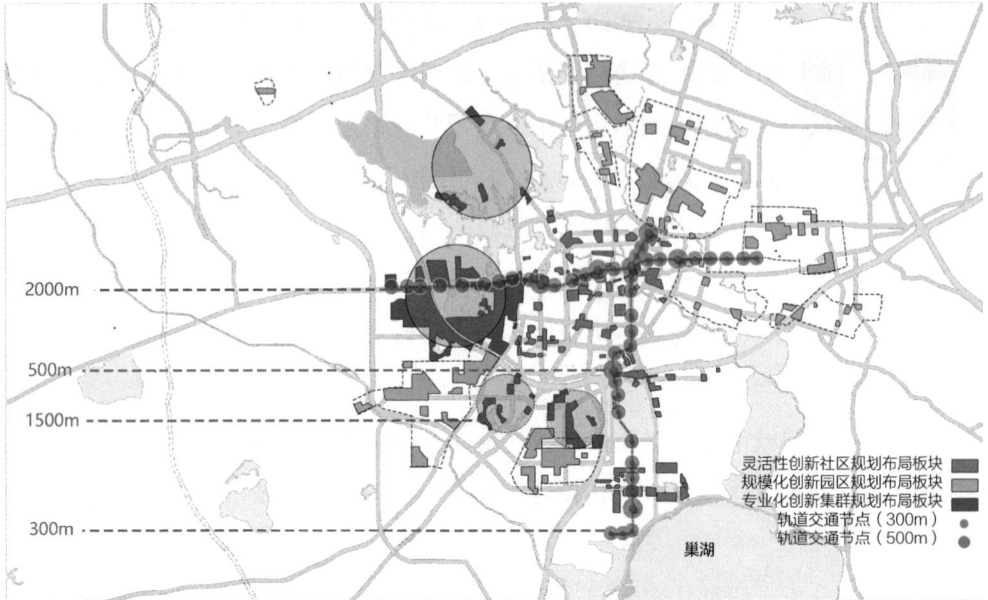

图 8-52　不同类型创新空间的体系化布局组织

董埔水库、大房郢水库、王咀湖、柏堰湖、翡翠湖、南艳湖、宝教寺水库；河流生态空间五处，分别为江淮运河、南淝河、十五里河、塘西河、店埠河；湿地生态空间两处，分别为滨湖国家湿地公园、牛角大圩湿地；山林生态空间四处，分别为大蜀山国家森林公园、紫蓬山国家森林公园、小蜀山、宜湾生态林。

进一步地，基于前述生态本底，在既定城市创新空间导向基础上，滨湖科学城将形成"两核、两带、多组团"的空间结构，其中，"两核"为综合服务核、创新引领核；"两带"为科创产业带、江淮运河—巢湖生态保护带；"多组团"为空港国际合作组团、西南高端制造组团、东部新兴产业组团、新站未来科技组团、半岛生态科技组团等多个创新发展组团。

8.7　现代科学城市建设的重点举措

合肥的现代科学城市建设以"提升合肥的人才吸引力，培育可持续的城市发展动力"和"构建完整的城市创新链，强化合肥现代科学城市创新内核"为主要线索。在整合线索和引导布局的过程中，需要在协调机制与统筹框架建立、软环境建设、品牌打造、范式探索、人才引进及评价体系构建、空间可持续利用等方面予以支持与保障，由此形成与之对应的合肥建设现代科学城市的八项重点举措：

一是建立跨政区创新发展协调机制。针对合肥创新空间组织方案中提出的跨政区性走廊和片区空间，建议在合肥市级层面逐步建立对应的协调管理机构（如工作小组、管委会、管理办公室等），同步明确该类空间所涉及区县、园区等行政单元之间的权责分担机制。

二是推动建立合肥城市创新空间的分工、分类统筹框架。合肥城市内部的创新空间在承载"源头创新—技术研发—成果转化—新兴产业培育+传统产业升级"这一创新链的不同链条环节的过程中需要明确各自在城市创新体系中承担的功能，如科学岛之于基础科学研究、高新区之于技术研发和成果转化、区县园区之于传统产业升级等，从而在全市层面实现创新空间的分工统筹；在承载相同创新环节的创新空间之间，则需要明确其类型差异，如中心城区之于技术研发需要通过城市服务功能的升级予以激发，经开区之于技术研发需要基于其内部的若干主导产业实现，新站区之于技术研发则需要借助其特定产业"土壤"进行孕育，从而实现分类，这种分工与分类统筹框架是合肥建设现代科学城市、分配创新要素、融合产学研资源的重要依据。

三是继续完善创新创业环境，营造合肥科学城市建设的优良生态。具体主要涉及以下几个方面：其一，发展细分服务市场，打造全链条式的创新创业服务市场，包括创业导师、众创空间、企业注册、法律咨询、税收服务等；其二，发展创新基金，由市政府整合现有部门资源，设立鼓励创新基金，分层次、分类别对基础创新、重大专项、前沿科技等予以重点扶持，特别是要关注中小型科技企业这一创新主力，可以发明专利为前置条件，申请享受不同阶段的扶持政策；其三，改善创业环境，着眼人才高地打造，强化探索与国际规则接轨的综合保障制度，妥善解决各类人才生活现实问题，为引进人才和留住人才营造更好的环境；其四，鼓励和激励持续创业，着眼创新创业氛围营造，实施对重大创新工程和项目的容错机制，探索实施创业担保基金等针对创业失败的成本分担机制，逐步形成"创业—成功—再创业"的良性循环和"创业—失败—再创业"的独特文化。

四是打造具有品牌影响力的城市中小微创新空间。打破以往城市产业入园入区导向下的产业用地大分区思路，在开发区内部和中心城区分别着力打造具有品牌影响力的城市规模化创新园区和灵活性创新社区两类中型和小微型创新空间，其中，规模化创新园区用于巩固和提升以开发区为代表的传统产业空间的创新氛围以及加快其产城融合，灵活性创新社区用于复兴城市活力和引导创新回归城市，并与产业化创新集群形成具有层次化的城市创新空间体系。

五是探索新时代的创新发展范式。活化城市蓝绿生态资源，让湖水成为城市蓝眼睛、公园成为城市绿肺，并通过过渡性城市功能（如生活性服务业）或者特定举措（如举办创新大会等各行业的技术高峰论坛）活化蓝绿资源与周边用地板块的关系，真正实现城市蓝绿资源由"看得到"转向"摸得到"，并据此打造成为城市创新发展的旗舰地带，这一范式尤其适合规模化创新园区这一创新空间类型。

六是精心呵护企业细胞以形成合肥科技创新雁型梯队。对合肥市的中小型科技企业进行系统梳理，摸清底数，特别是要精准把握中小企业的发展需求以及技术研发方向，对于涉及国家安全、事关重大民生、极富市场前景的项目，通过税收减免、资金扶持、跟进参股、定期退出等方式予以扶持，切实增强政策的普惠性；大力实施大集团大企业培育战略，充分发挥其对科技资源的整合能力和产业项目的引导能力，鼓励大型企业打造配套产业园区，集聚入驻上下游企业，打造产业生态；借势借力世界500强、中国500强等重点企业，争取通过在合肥设立重点研究院分院，实现对重大科研成果、人才团队、重大项目的横向迁移。

七是培育具有本土特色的"双创"生力军。关注当下创新人才的来源构成，建议着力打造以中科大及研究型大院大所为代表的科研院校系、以规模和技术实力在省内具有竞争力的名企系、海外归国人员组成的海归系、充满本土情结的徽商系等具有本土特色的创新人才队伍，形成合肥现代创新创业的"新四军"，在提高城市创新竞争力的同时，保障创新实力的可持续性。

八是建立系统化的创新空间纳入及退出机制。建构合肥城市创新空间利用评价体系，推动创新空间可持续利用和精细化治理，以区县为单位，对城市现有创新空间使用情况进行全面摸底和系统评价，梳理占而不用、关而不退的空间，明确腾退时间线，并有序导入新的创新创业企业；一些园区以及城区的生产或办公空间，在符合创新企业所需空间标准且已空置或待收储的前提下，可作为城市的创新空间。

第9章 城市创新空间的片区规划实践

创新驱动发展是新时代的国家性长远战略，《中共中央关于制定国民经济和社会发展第十四个五年规划和二〇三五年远景目标的建议》中明确指出，"展望二〇三五年，关键技术实现重大突破，进入创新型国家前列……坚持创新作为我国现代化建设全局中的核心地位……完善国家创新体系，加快建设科技强国"。南京市在国家战略的指引下，聚力于打造具有全球影响力的创新名城，南京市委市政府提出创新驱动"121"战略，着力构建一流创新生态体系，形成包括名校、名所、名企、名家、名园在内的极具分量的"五名"标志，将南京建设为接轨国际、融通创新、互联互通、依法治市、包容发展的"五最"城市。在过去的几年里，南京市委市政府连续发布推动"创新名城"建设的一号文件，将创新作为提升城市首位度、增强城市国际影响力和优化城市产业结构的核心动力。

9.1 中央商务区创新规划背景

"十四五"时期是南京市推动高质量发展、提升城市首位度和国际影响力的关键五年，深入实施创新引领是实现"强富美高新"南京战略目标的重要抓手。"十三五"时期，南京市产业结构不断优化，城市首位度稳步提升，"创新名城"建设成效显著，与周边城市创新联系不断增强。然而，南京市也面临着区域竞争环境日益激烈、科教优势不断被瓦解和交通优势不再明显的问题。在科技创新方面，创新效率不高、高质量创新产出不足等问题依然存在，科技创新有"高原"无"高峰"的问题亟待解决。与上海和苏州相比，南京在高新技术企业数量、企业研发投入、高新技术产业产值占规上工业比重、园区载体对全市发展的支撑作用、高层次人才数量、国家重大科技基础设施布局等方面仍然存在差距。在当前创新名城建设成果的基础上，"十四五"时期南京应着力培育创新"高峰"，推动创新名城建设迈上新的台阶。

南京江北新区是国家级新区、国家自贸试验区和江苏省社会主义现代化示范区三大政策区的叠加区。《国务院关于同意设立南京江北新区的批复》指出，"南京江北新区建设要更加注重自主创新……逐步将其建设成为自主创新先导区……努力走出一条创新驱动、开放合作、绿色发展的现代化建设道路"。《中国（江苏）自由贸易试验区总体方案》中强调江北新区要着力打造开放型经济发展先行区、实体经济创新发展和产业转型升级示范区。同时，江北新区还是江苏省社会主义现代化示范区，相关要求提出其要坚持创新引领，深入推动创新驱动发展。由此可见，江北新区作为三大政策叠加区，坚持创新引领导向已是其发展的必然要求。

江北新区自成立以来，聚焦于集成电路、生命健康和新金融三大产业，通过积极地推动招商引资，科技创新和产业发展水平实现稳步提升。需要指出的是，江北新区的总体发展仍处于初级阶段，而作为江北新区核心的中央商务区，在"十三五"后半程启动建设，各项建设工作成效显著。在江北新区创新能力和产业功能强化的关键时期，中央商务区迫切需要突出"自主创新""先行示范"和"样板标杆"的内在价值追求和外在形象面貌，从创新资源集聚、创新集群培育和创新生态构建三个方面发力，大力推动国际科技合作，培育科技创新龙头企业，同时，还应积极推动创新空间建设，为江北新区创新发展提供空间保障。

然而，中央商务区在创新方面也面临着巨大的竞争压力。新街口中央商务区是南京的老牌商务区，素有"中华第一商圈"之称，随着大行宫、长江路、珠江路等新街口周边区域的商务写字楼的日益兴盛，创新氛围不断增强，且新街口中央商务区具有强劲的现代服务业基础，对于创新要素具有较强的吸引力；河西中央商务区是江苏省和南京市倾力打造的泛长三角区域金融核心功能区，致力于打造集金融、总部、会展、文体、商贸商业于一体的现代服务业集聚区，一期已全面建成，集聚了一定规模的金融类企业、总部及地区总部类企业以及各类信息、高科技企业；二期正在建设中，国瑞大厦、南京移动、国泰君安证券、紫金财险等众多项目已经开工建设。新街口和河西中央商务区给江北新区中央商务区的创新要素集聚带来了一定竞争压力，江北新区中央商务区应立足三大政策叠加区的优势，以地区优势和特色为基础，探究与新街口和河西中央商务区在创新领域的差异化发展路径。

9.2　中央商务区整体发展现状

江北新区中央商务区（以下简称"中央商务区"）的成长过程亦是创新能力不断提高的过程，尤其是自江北新区中央商务区建设管理办公室成立以来，其创新发展驶入快车道，并于2020年初发布"创新十策"，旨在通过制度突破优化中央商务区的创新环境。一方面，中央商务区创新类企业的数量显著提升，科技研发类和技术服务类企业在各类注册企业总数中占比均超过15%，呈现突出的引领性优势地位；另一方面，中央商务区创新生态不断优化，与剑桥大学、伦敦国王学院、南京鼓楼医院、江苏省产业技术研究院等多家国内外顶尖科研和医疗机构建立了创新合作关系。在中央商务区内部，扬子江新金融创新社区、未来医疗创新社区、中科创新广场和南工大科技产业园等创新活动的载体也在不断建设完善，极大提升了中央商务区的创新水平。

9.2.1　宜创性评价

为明确中央商务区的内部创新适宜性情况，本小节从创新政策、创新环境和创新服务三个维度（表9-1），利用ArcGIS空间分析对中央商务区进行评价，为中央商务区的创新空间布局提供参考。在创新政策维度方面，国家级新区、国家自贸试验区和省社会主义现代化示范区为中央商务区提供了坚实的政策保障，故而将是否属于三大政策区的叠加区作为创新政策维度的评价指标；在创新环境维度方面，中央商务区大山大水的生态格局、沟通山水的"十里绿廊"和便捷的轨道交通网络为创新人才和创新活动提供了良好的环境。因此，创新环境维度的评价指标主要选择与主要河流的距离、与干道的距离、与交通站点的距离、与公园绿地的距离作为参考；在创新服务维度方面，创新需要良好的服务环境，从生产性和生活性服务角度考虑，创新服务维度的评价指标选择高端服务设施分布、距创新平台的距离、中小学分布、配套住宅分布和大型医院分布作为参考。

中央商务区宜创性评价指标体系及权重　　　　　　表 9-1

目标层	要素层	指标层	权重（%）
中央商务区宜创性	创新政策	是否属于三大政策区的叠加区	15
	创新环境	与主要河流距离	5
		距轨道交通站点距离	10

续表

目标层	要素层	指标层	权重（%）
中央商务区宜创性	创新环境	与干道的距离	5
		与交通站点距离	10
		与公园绿地距离	5
	创新服务	高端服务设施分布	15
		距创新平台的距离	25
		中小学分布密度	3
		配套住宅分布密度	5
		大型医院分布密度	2

资料来源：Google Earth获取

中央商务区内部存在三大宜创区域，分别位于科创研发片区、国际健康城片区和浦口老火车站片区（图9-1）。具体而言，三大宜创区域均是国家级新区、国家自贸试验区和省社会主义现代化示范区三大政策区的叠加区，具有较强的政策扶持力度，并且均是中央商务区创新平台和创新资源的集聚区，包括南工大科技产业园、

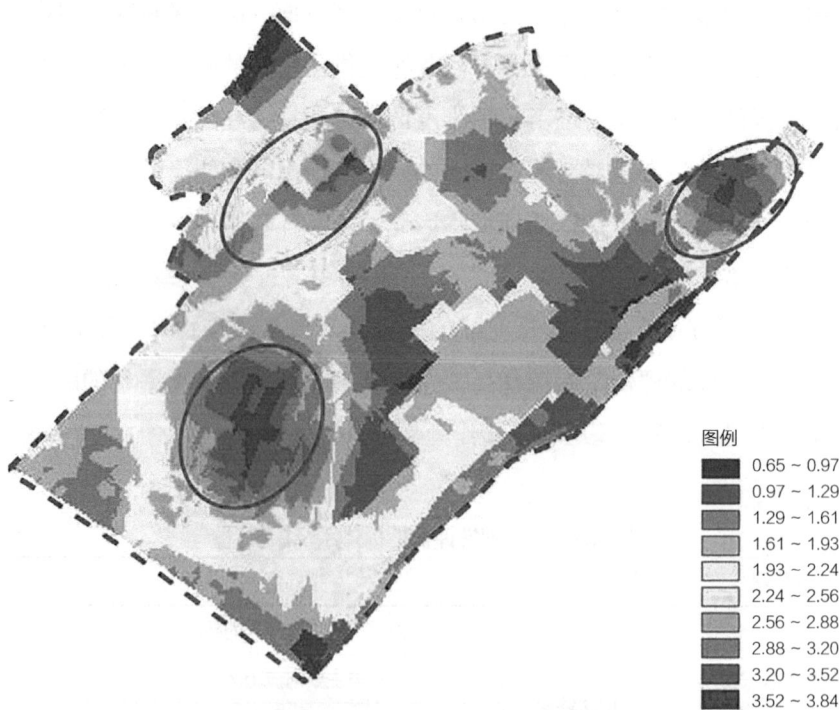

图例
0.65 ~ 0.97
0.97 ~ 1.29
1.29 ~ 1.61
1.61 ~ 1.93
1.93 ~ 2.24
2.24 ~ 2.56
2.56 ~ 2.88
2.88 ~ 3.20
3.20 ~ 3.52
3.52 ~ 3.84

图 9-1 中央商务区宜创性评价结果

中科创新广场、知识产权大厦、大众健康科创中心、浦口老火车站文创触媒等众多创新平台和资源。此外，三大宜创高值区还具有良好的交通条件、景观条件、生活服务条件和配套住宅条件。

9.2.2 创新功能

中央商务区的创新功能正处于快速形成过程中。目前，中央商务区与伦敦国王学院等世界顶级科研机构展开医学合作，成立了剑桥大学—南京科创中心、中瑞国际脑瘤综合治疗中心、中瑞中美口腔中心等医学技术研发中心。南京鼓楼医院、江苏省肿瘤医院、江苏省产业技术研究院、SAS金融科技创新中心、中研绿色金融研究院、南京金融科技研究创新中心等医疗、新金融科技研发机构也入驻中央商务区，同时，中央商务区与华为、华夏银行等签约多个新金融项目，多方合力推动了中央商务区创新能力的不断提高。

中央商务区的创新生态仍需不断优化。创新生态不完善是中央商务区发展过程中面临的核心问题。创新生态包括为创新发展提供的各类服务，本书将其具体划分为研究服务、孵化服务和生产性服务三种类型（图9-2）。其中，研究服务主要指为研究人才和企业的研究活动提供相应的技术服务支撑，包括公共技术平台、公共检测平台和研究联盟等；孵化服务主要包括创业苗圃、孵化器、加速器、天使基金、中试等；生产性服务主要包括法律服务、咨询服务、知识产权服务、科技中介、成果展示等多种类型。目前，中央商务区已经形成南工大科技产业园和中科创新广场两大创新创业服务平台，为智能制造、软件及信息技术、科技服务、集成电路、新

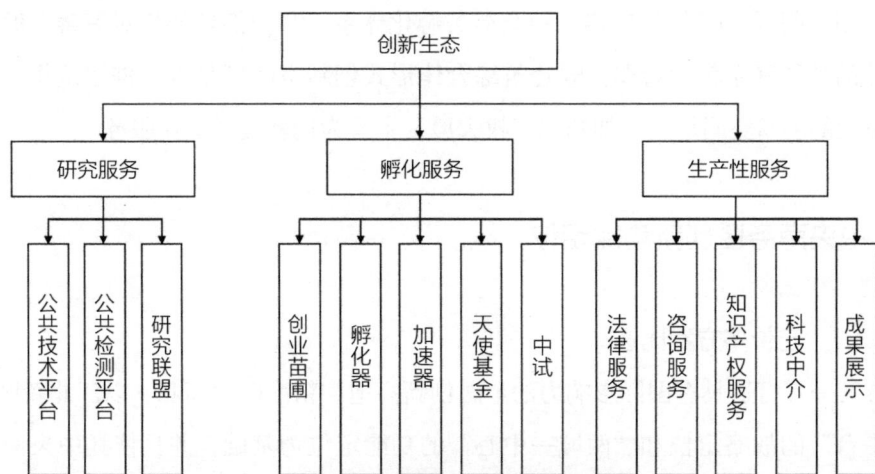

图9-2 创新服务功能示意图

能源等产业提供了创业苗圃、孵化器、加速器、中试、创新创业服务等服务功能。但是，在研究服务和生产性服务方面还非常薄弱，孵化服务也需进一步加强。

9.2.3 创新空间

中央商务区已投入建设和部分建成的创新空间中主要包括扬子江新金融创新社区、未来医疗创新社区、中科创新广场、知识产权大厦、南工大科技产业园等。总体上，中央商务区创新空间初具雏形，在空间类型方面，可以将中央商务区的创新空间分为街区型、园区型和建筑综合体三种类型。街区型创新空间以扬子江新金融创新社区、未来医疗创新社区、中科创新广场为代表，是中央商务区创新空间的主导类型；园区型创新空间主要是指南工大科技产业园；建筑综合体形式创新空间主要为知识产权大厦。

不同类型的创新空间具有不同的空间特征。具体而言：①街区型创新空间具有空间开放、功能复合、与周边区域功能联系紧密的特征。例如，中科创新广场目前已经初步形成集创新孵化、企业加速、总部经济、服务配套等多种功能于一体的"苗圃+孵化器+加速器"的科技企业孵化产业链。大众健康科创中心是未来医疗创新社区的重要载体，分为东西两个地块，建有展示馆、会务休息和健康产业孵化等空间。扬子江新金融示范区的空间开放程度高，与周边空间建立了良好的功能联系，商业和娱乐空间混合布局，具有较强的城市活力。②园区型创新空间具有占地面积较大、空间较为独立的特征。例如，南工大科技产业园是南京工业大学国家大学科技园"一园多区"的产业孵化区，已经基本形成以智能制造、软件及信息技术、科技服务为主导的产业，集产业孵化、研发办公、总部经济和配套服务等功能于一体的"众创空间+孵化器+加速器"的全链条孵化体系，其内部功能相对完善，但与周边区域的功能联系较为薄弱。③建筑综合体形式创新空间则是以独栋建筑作为一个创新单元的创新空间形式，如知识产权大厦，主要为创新提供法律服务。

9.3 中央商务区创新功能定位

9.3.1 定位多方案比选

方案一：打造具有国际影响力的金融创新高地和精准医学高峰。以江北新区"三区一平台"的战略定位和"两城一中心"的功能定位为基础，并且依托中央商务区国际健康城和新金融中心的建设导向，重点强调新金融和大健康两大主导产业，打造具有国际影响力的金融科技集聚高地和大健康精准医疗与研究中心。该定位方案着重从特色化和专业化发展角度对江北新区中央商务区的创新功能进行定位，以形成特色创新高峰为主要目标，符合江北新区的发展要求和中央商务区的发展目标。

方案二：以新金融和大健康为主导，形成具有全国影响力的现代产业科创中心。江北新区中央商务区作为规划确定的江北新主城核心区，应发挥带头作用，积极响应南京市委市政府提出的创新驱动"121"战略，以打造具有全球影响力的创新名城为重点任务。同时，结合国家对江北新区"三区一平台"的战略定位以及江北新区设定的"两城一中心"的功能定位，在确立新金融和大健康两个主导创新领域的基础上，向新材料、信息技术、人工智能等新领域扩展，逐步形成以特色创新领域为主导，具有全国影响力的现代产业科创中心。

方案三：建设面向长三角、引领长江经济带、辐射全国的创新服务中心。立足于中央商务区的创新发展现状，以扬子江新金融创新社区、未来医疗创新社区、南工大科技产业园、中科创新广场、知识产权大厦等创新活动载体为基础，以新金融中心建设为依托，大力发展科技金融、产业金融，逐步完善金融、法律、咨询、会计、科技中介、会展等综合服务功能，建设面向长三角、引领长江经济带、辐射全国的创新服务中心。该定位方案突出江北新区中央商务区的综合创新服务功能，重点强调中央商务区创新功能的综合化和服务化特征，符合其作为新主城核心区的身份定位。

方案比选：方案一突出中央商务区创新功能的特色化与专业化，以打造专业领域创新高峰为目标，但是在一定程度上忽视了江北新区中央商务区作为南京新主城核心区的定位要求。作为具有国际影响力的城市主城核心区，中央商务区应以塑造具有国际影响力的生产性服务功能为核心，不断提升其在区域、全国甚至国际层面的服务影响力，针对这一要求，在方案二和方案三中均有体验；对于方案二而言，优点是在突出新金融和大健康两大专业领域创新主导的基础上，强调其为其他科技产业提供知识、信息和服务支撑的功能，但是该方案的不足在于创新功能的扩展面临着与研创园、智能制造产业园等江北新区内其他创新载体的激烈竞争；方案三的优点在于能够立足于中央商务区的创新现状基础，突出其作为新主城核心区的服务功能，不足之处在于缺乏明确的创新发展着力点。因此，综合判定以方案二为基础，融合方案一和方案三，将江北新区中央商务区的创新功能定位为：以新金融和大健康创新为主导产业，打造具有全国影响力的金融创新高地、精准医学高峰和创新服务中心。

9.3.2　创新功能配置

以中央商务区创新功能定位为基础，将中央商务区的创新功能进一步细分为科技研发、文化创意和创新服务三类。其中，科技研发功能以金融科技研发和医疗科技研发为核心，同时积极推动总部研发，形成以新金融和大健康创新研发为主导，融合科技信息、软件开发等功能于一体的区域科创中心；文化创意功能依托浦口老火车站的文化和景观资源优势，大力发展培育文化创意产业，突出文化旅游、文化影视、文化体育和工业设计等产业创新，打造区域特色文创中心；创新服务功能包括科技服务、商务服务、金融服务和信息服务等。其中，科技服务包括创业孵化、教育培训、技术转化、人才服务等；商务服务涵盖了中介服务、金融服务和信息服务等，中介服务涉及法律、财务、管理资源、人力资源等方面；金融服务涉及银行、风险投资、天使投资和证券等方面；信息服务涉及情报信息中心、科技咨询公司、中小企业服务中心等方面。通过构建完善的服务系统，打造区域创新服务中心。

在创新功能配置的过程中，应注意围绕创新链、产业链，以实现前沿探索、技术研发、创新创业服务等多重目标，促进创新要素合理配置、创新主体有机衔接、创新系统高效运行以及创新效率提升和创新价值实现；应借助大数据、物联网、云计算等新的技术方法推动对各类创新主体的有效管理，提升公共技术服务能力，为创新方案和路径的科学决策提供支撑，加强产品设计生产、服务和管控机制创新（表9-2）。

创新功能配置的类型与目标　　　　　　　　　　　　表 9-2

创新功能	主要类型	实现目标
科技研发	金融科技研发、医疗科技研发、总部研发	打造区域科创中心
文化创意	文化旅游、文化影视、文化体育、工业设计	打造区域特色文创中心
创新服务	科技服务、商务服务、金融服务、信息服务	打造区域创新服务中心

9.4　中央商务区创新空间组织

9.4.1　创新空间的布局体系

基于宜创性评价，根据中央商务区"以新金融和大健康创新为主导，打造具有全国影响力的金融创新高地、精准医学高峰和创新服务中心"这一创新功能定位，本书提出中央商务区的创新空间体系由五大创新地块和四大创新社区构成，"十四五"时期将打造集创新、创业、社交、休闲娱乐和居住等多种功能于一体、"产城人"融合发展的具有特色化与现代化的创新空间体系。五个创新地块分别为大健康地块、新金融地块、科创研发地块、创新服务地块和数字与文旅地块。其中，大健康地块和新金融地块是中央商务区的核心载体，是实现中央商务区创新发展的主导平台，应成为重点聚焦地块；科创研发地块应重点关注创新孵化；创新服务地块和数字与文旅地块则应重点关注文化创意创新和创新服务。四个创新社区分别为新金融地块的总部经济类创新社区和科创金融类创新社区，大健康地块的健康服务类创新社区，以及创新服务地块的文化创意类创新社区（图9-3）。

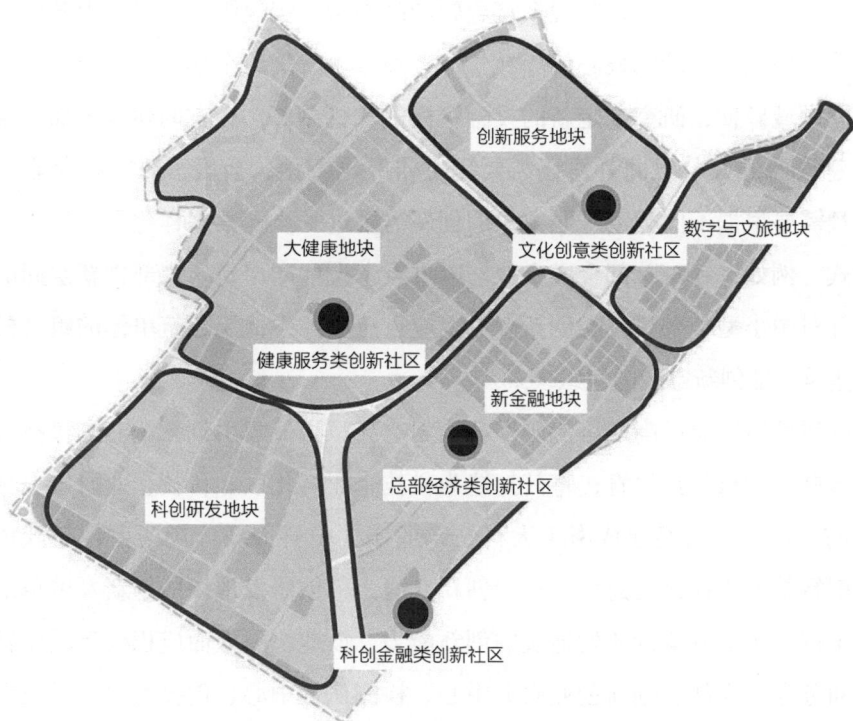

图9-3 中央商务区创新空间布局体系图

9.4.2 创新地块的发展指引

大健康地块是中央商务区打造精准医学高峰的核心空间载体，应重点关注医疗研发、健康服务和生物医药等方面的创新。医疗研发创新重点在于围绕癌症、慢性病、老年病、传染病等疑难病种打造高端医疗技术创新研究平台，以突破医疗健康领域关键技术。健康服务创新应积极促进各类医疗护理、康复保健和健康养生领域的研究机构与高技术企业集聚，从而产出一批具有较强影响力的健康养护技术成果。生物医药创新应积极吸纳海内外高层次生物技术和医药研发企业、研究机构和相关研究人才，掌握生物和制药领域相关关键技术。在空间建设方面，除相应的医疗、科研和居住空间外，还应布局医养一体化社区、医疗会展空间、医疗培训教育空间及配套服务空间，重点建设的空间载体包括1~2处医学院、健康保险集聚区、科技企业孵化器、公共医疗技术服务平台、教育培训中心、大健康博物馆、会议展示中心等。其中，教育培训中心、大健康博物馆和会议展示中心可合并布局。

新金融地块是中央商务区打造金融创新高地的核心空间载体，应突出金融科技和金融服务创新。其中，金融科技创新应重点关注大数据、人工智能、区块链等新兴技术与金融服务的融合，实现丰富金融产品类型、优化服务模式和提升服务效率的目标；金融服务创新的核心任务在于向产业金融、健康金融、绿色金融、产权金融等不同领域延伸，研究制定新的投融资模式和机制等。在空间建设方面，新金融地块除建设商务办公空间外，还需要提供研究、孵化、会展、酒店和商业休闲空间，并且需要根据不同类型金融企业的创新需求进一步探索多样化和灵活化的空间组织模式。例如，针对总部金融企业，应重点考虑中高层建筑内部创新空间的组织模式；针对中小型金融科技类创新企业，应重点关注中低层建筑单体的组合模式和中低层建筑内部创新空间的组织模式。

科创研发地块应以高端科创研发功能为主导，积极吸引创新企业和科技企业研发总部入驻，进行重点培育，将其打造为科技企业孵化区和科技企业研发总部集聚区。目前，该片区已经建成南工大科技产业园、中科创新广场两大创新载体，同时，福中智慧城正在进行建设，这些创新空间为科创研发地块的创新发展奠定了基础。为了进一步提升科创研发地块的创新能力，该地块一方面应积极建设创新孵化空间、商务办公空间、创新创业服务中心、检测认证中心、创投大厦、星级酒店等创新空间及相关创新服务空间；另一方面还应积极筹划高品质创新人才公寓、休闲娱乐空间，以满足创新人才对于品质化生活的需求。

创新服务地块是中央商务区的核心居住空间，该地块应积极适应居民复合化、多样化和灵活化的新居住需求，进一步推动居住、工作、创新融合化。首先，可在地块内部植入共享办公空间；一方面可以为南京铁道职业技术学院的师生提供良好的创新、办公和交流场所，另一方面该办公空间也可以服务于周边居民，为其提供就近交流、休闲和办公的场所环境。其次，发挥地块毗邻浦口老火车站的区位优势，可在火车站内部打造创新空间、休闲娱乐空间和其他服务空间，积极发展文化创意类产业。再次，在居住区内部建设咖啡厅、茶室、社区中心和书吧等第三空间，实现居住区内部生活、工作和休闲娱乐功能一体化。

数字与文旅地块不仅具有滨江资源优势，而且拥有浦口老火车站这一重要的文化资源。浦口老火车站及其周边建筑所在的区域富有民国特色，是江北新区中央商务区最有人文气息的区域。该地块应充分利用已有资源优势，积极促进数字金融创新和文化创新。具体而言，该地块一方面应依托数字金融城的建设积极引入数字金融创新企业、研究机构等，塑造中央商务区数字金融创新品牌；另一方面，依托地块的文化底蕴，通过不断集聚工业设计企业、广告创意企业、影视企业、文化创意公司和艺术家工作室等文化创意主体，发展文化创意产业。在空间建设方面，应积极建设数字金融办公空间、孵化空间以及配套会展、酒店等服务空间，同时建设艺术家工作室集聚区、文化影视集聚区和体育运动中心等载体，打造南京江北特色文创中心。

9.4.3　创新社区的空间组织

（1）创新社区的要素构成

创新社区是以创新创业功能为主导，兼具服务、教育、娱乐、交流等多种功能，以生产和生活功能相融合为基本目标的新型空间类型。创新社区由企业、服务、人才和空间四大要素构成（图9-4），其中，企业要素包含创新龙头企业、中小企业和初创企业等不同类型的创新企业；服务要素包括金融服务、中介服务、孵化服务和法律服务等各类配套服务；人才要素以创新型和研发型人才为主，包括顶尖人才（诺奖、院士、企业家）、一流人才（教授、专家、企业高管）、高端人才（高校教师、科研人员、研究生、企业精英）、中端人才（高水平技工、高校学生）和基层人才（产业工人）等不同层次类型的人才；空间要素包括众创空间（创业苗圃—孵化器—加速器）、办公空间、居住空间和各类配套空间。

（2）创新社区的类型划分

从创新主体的角度出发，将创新社区分为六种类型。中央商务区的创新主体主要包括龙头企业、初创企业和研发机构三类，不同的创新主体之间又存在单独布置和组合布置两种形式，共形成七种布局形式。根据中央商务区的相关规划和创新功能定位，剔除研究机构单独布局的创新社区，形成"龙头企业"型、"初创企业"型、

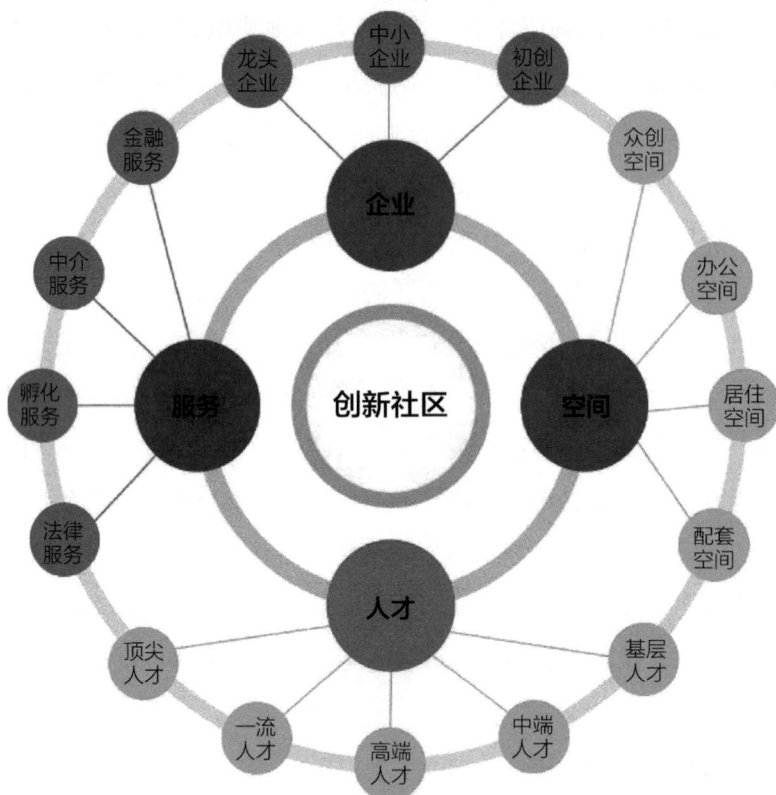

图9-4 创新社区要素构成图

"龙头企业+初创企业"型、"龙头企业+研发机构"型、"初创企业+研发机构"型和"龙头企业+初创企业+研发机构"型共六类创新社区。

不同类型的创新主体对配套功能的需求存在一定差异。具体而言，龙头企业通常具备相对完善的生产性服务部门，其生产性服务需求侧重检测检验认证服务、知识产权服务、生产性金融服务以及配套的餐饮、商业和休闲娱乐服务。初创企业和研发机构由于企业规模较小、资金相对短缺，因而需要更为多元的生产性服务设施，尤其是面向成果转化、市场信息和企业运营等方面的生产性服务业，主要包括研发与设计服务、科技成果转化服务、信息传输服务、信息技术服务、咨询与调查服务和人力资源管理服务等方面。

（3）创新社区的空间组织模式

不同创新主体对于创新空间的组织模式要求存在一定差异。具体而言，龙头企业创新能力强，创新内核占地面积大，对空间环境和景观的品质要求更高；初创企业倾向追求租金相对低廉、创新创业软硬件设施良好和环境质量较高的空间；研发机构与企业联合布局时，创新内核范围大，对环境和景观质量同样有较高的要求，对空间组合的灵活性要求更高。因此，不同类型创新社区的空间组织模式可包括独立组团式、中高层和高层组团组合式和低中高层组团组合式三种不同类型的组合模式（表9-3）。其中，独立组团式的空间组织模式适合"龙头企业"型创新社区；中高层与高层组团组合式空间组织模式适合"初创企业"型和"龙头企业+初创企业"型创新社区；低中高层组团组合式适用于"龙头企业+研发机构"型、"初创企业+研发机构"型和"龙头企业+初创企业+研发机构"型三类创新社区。

创新社区的三种空间组织模式比较　　　　　　　表 9-3

	模式一	模式二		模式三		
创新社区类型	龙头企业	初创企业	龙头企业+初创企业	龙头企业+研发机构	初创企业+研发机构	龙头企业+初创企业+研发机构
创新内核占比	0.5~0.6	0.2~0.3	0.3~0.5	0.3~0.6	0.3~0.6	0.3~0.6
组织模式	单栋	组团	组团	单栋	组团	组团	组团
是否存在交流空间	是	是	是	是	是	是	是
容积率	3~5	1~1.5	2~3.5	2.5~5	2~3.5	1.0~3.5	1.5~4

如图9-5所示，独立组团式应具有一定的标志性，具备独立的生产空间和相对齐全的服务设施，以及高品质的办公环境，在容积率方面呈现出极高或者极低的特征；中高层组团组合式的街区核心由生产性服务设施组成，应具有服务设施共享程度高、整体容积率高、办公环境开放活跃和品质较高的基本特征；低中高层组团组合式由低层和中高层组团共同组合而成，组团之间差异较大，具有多样化的空间类型，适用性较为广泛。其中，低层组团应具有办公环境优美、生态宜人的特征；中高层组团应具备办公空间开放活跃、生活空间多样性高、可满足多种人群需求的特征。

（4）创新社区的楼宇空间组织

不同创新主体对于楼宇的功能布置要求也存在一定差异。龙头企业的创新空间主要包括行政管理和企业研发两个主要组成部分，可组合设置也可单独布置。楼宇内的空间主要包括管理空间、办公空间、会议交流空间、学习空间、研发办公空间、研发试验和高品质休闲空间、服务咨询和展示空间等；初创企业主要位于孵化

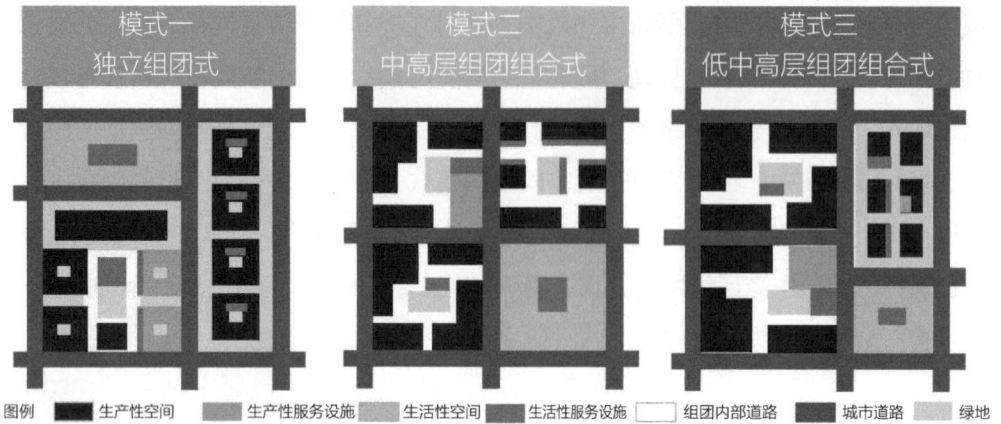

图例 ■ 生产性空间　■ 生产性服务设施　■ 生活性空间　■ 生活性服务设施　□ 组团内部道路　■ 城市道路　■ 绿地

图 9-5　创新社区的三种空间组织模式示意图

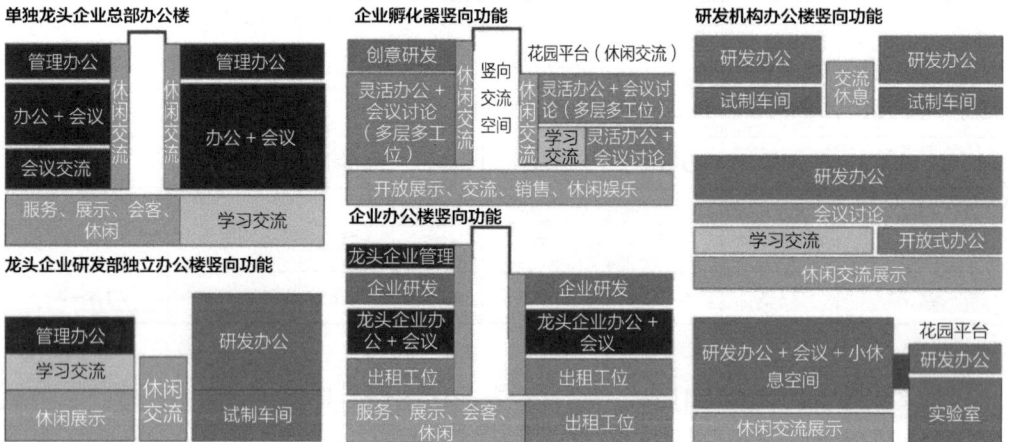

图 9-6　楼宇空间功能组织模式

器内，或者与龙头企业组合分布于一栋楼宇内，需要租金相对低廉的办公空间、创新创意研发空间、开放交流和学习空间、成果展示和休闲活动空间；研发机构集聚了大量高层次人才，因此，需要相对私密的科创研发办公空间、设备齐全的技术实验室、开放的会议展示空间和具有活力的休闲娱乐空间。楼宇空间功能组织模式如图9-6所示。

9.4.4　支撑网络构建

为加强各层级、各类型空间之间的衔接与联系，规划提出应优化中央商务区在不同层面上的网络格局，形成更具连续性、兼容性和活力度的现代化城市中心空间。从交通设施和片区与基本单元服务出发，以丰富的交通网络串联多样化功能空间，以良好的生产生活服务圈网络衔接多层级功能空间，形成便捷、多元、共享、舒适的中央商务区综合支撑网络。

（1）交通网络

"十四五"时期，中央商务区基本形成"地上+地下""轨道+主干道+小街区"的多元化交通网络。从地下交通网络来看，中央商务区地下空间一期和南京地铁4号线二期的规划建设已有序展开，中央商务区站、七里河站、铁道学院站等地铁枢纽站点布局明确，地下交通网络已初具形态。"十四五"时期进一步展开地下空间二期的建设，同时南京地铁11号线也开始动工，未来中央商务区将形成中心与枢纽的有机融合、站城一体促成高强度开发的地下绿色交通出行网络（图9-7）。

从地上交通网络看，中央商务区在"十四五"时期将构建集快速路、主干路、次干路和支路于一体的"对外联系网络+骨干网络+集散网络+街区服务网络"的地上交通系统。对外交通方面，中央商务区形成"两纵三横"的对外交通网络层级。浦镇大街—定淮门长江隧道、浦口大道—南京长江隧道两条道路从中央商务区的东西两侧纵向穿过，是中央商务区与南京江南主城的重要连接通道，向东延伸通往上海和杭州。江北大道、横江大道两条快速路一北一南横向穿过中央商务区，并通向合肥和马鞍山方向，城市主干路——浦滨路作为六合—桥林线上的重要通道从中轴横贯中央商务区，这三条道路构成了中央商务区对外交通的横向网络。对内交通方面，中央商务区内部的定山大街、七里河大街、珍珠南路等城市主干路，以及广西埂大街、滨江大道、浦云路、九袱洲路等交通性次干路形成了贯通、连续的中央商务区内部骨干网络和集散网络层级。在此基础上，利用次干路和支路构建起加密型

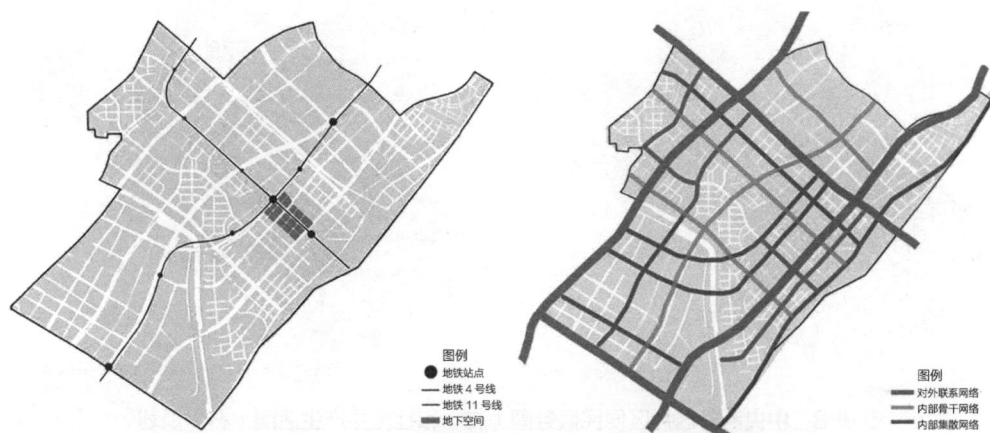

图例
● 地铁站点
— 地铁4号线
— 地铁11号线
■ 地下空间

图例
➤ 对外联系网络
➤ 内部骨干网络
➤ 内部集散网络

图9-7　中央商务区地下交通网络规划（左）和地上交通网络规划（右）

道路网络层级，打通单元内部微循环，进一步保障公交和慢行系统的安全性和可达性。总体而言，中央商务区地上交通网络在形成"两纵三横"的对外交通大骨架的基础上以主次干路为支撑，形成"小街区、密路网"格局。

（2）服务网络

目前，中央商务区主要涉及顶山、江浦、泰山三个街道，顶山街道覆盖了中央商务区规划范围的2/3以上，随着空间建设速度的加快和人口规模的扩张，三个街道尤其是顶山街道的管控压力将进一步增大。"十四五"时期，中央商务区规划以片区和基本单元为基底，构建服务全覆盖和分层级疏解的空间单元网络，打造安全、便捷、舒适的便民服务圈和社区生产生活圈。

便民服务圈在设置综合医疗设施、综合商业设施、文化活动空间以及政务服务和社区服务等相关配套设施时，应遵循步行30分钟（出行距离约为2～3km）可达原则，以七里河大街、浦镇大街、横江大道、万寿路等骨干交通网络为骨架和边界，串联并支撑起五大片区，打造便民综合服务网络，优化和提升空间治理水平。

社区生产生活圈应遵循15分钟（出行距离约为1～1.5km）步行可达原则，以步行、自行车系统连接核心公共设施、开放空间和公交站点，并以主干道、次干路和支路为骨架和边界，塑造特色领域单元网络。其中，以生产功能为主的单元，重点配置适合对应产业发展的生产设施，形成相对独立且富有特色的工作环境和空间形态。以生活功能为主的单元，重点配置国际社区、国际学校、国际医院以及其他国际化标准的生活和休闲设施，促进创新型人才的集聚（图9-8）。

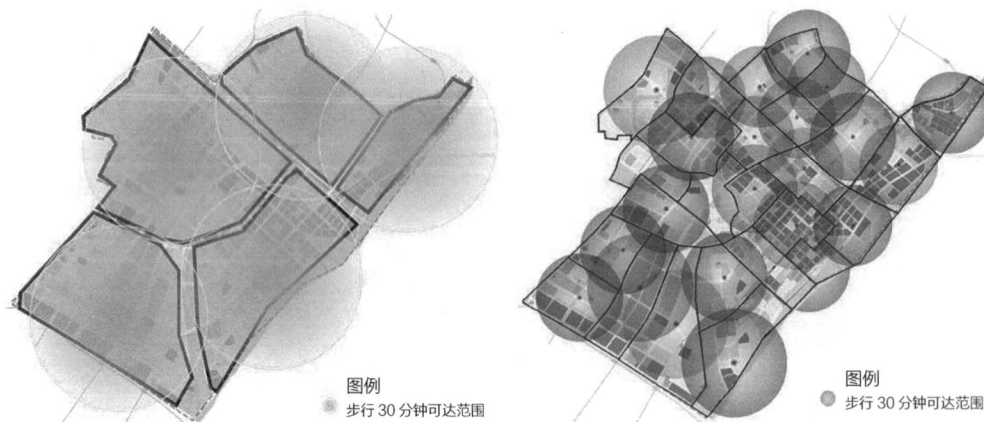

图9-8 中央商务区片区便民服务圈（左）和社区生产生活圈（右）规划

9.5 中央商务区创新发展举措

加大创新主体招引力度。"十四五"时期是中央商务区发展完善创新功能的关键时期,而创新功能的发展主要依赖于创新主体的集聚。因此,招引和培育高技术企业、研究机构、高校和创新人才等创新主体成为"十四五"时期中央商务区创新工作中的重中之重。一方面,应围绕大健康和新金融产业制定精准招商政策体系,实施精准招商。目前,中央商务区已经出台了多种招商办法,还需从降低企业运行成本、奖励和激励创新创业、帮助企业引进高端人才、加快形成产业生态四个方面推动企业进一步完善政策体系。同时,应聚焦行业发展的龙头企业和重大项目,从企业和项目落户、资金到位、中介招商等方面给予精准支持。另一方面,应强化中央商务区服务机制,进一步优化营商环境。通过科技赋能建立招商新模式,采用在线会议室、建立商务区三维模型、采取"直播"等形式探索线上线下相结合的招商模式。同时,通过建立全生命周期的服务体系和设立"一站式"政策申报系统、"一窗式"政策受理中心和"一体化"企业服务工作站的方式优化营商环境。

加快创新空间建设进程。吸引创新主体入驻需要相应的空间载体作为基础,中央商务区更应加快创新空间的建设进程。目前,中央商务区缺乏新型研发机构和高新技术企业的固定空间载体,导致中央商务区在招商引资过程中缺乏吸引力。首先,中央商务区要加快制定产业发展规划,以及重点招引企业和重大创新项目类型表,以此作为创新空间建设的前提和依据;其次,在此基础上,制定相应的三年或五年发展行动计划,出台年度发展和行动计划表,明确商务区各类创新空间的建设时间;最后,根据相应建设计划,制定创新空间建设的预算方案。政府应积极探索与相关企业和社会投资机构的合作方式,联合筹备创新空间建设资金和制定投资建设计划,以此来保障创新空间建设持续推进。

加强创新政策保障体系。完备的政策体系对于保障中央商务区创新的健康快速发展具有重要意义。目前,中央商务区的创新政策体系并不完善,创新主体前期招引、中期落户和后期服务的序列式服务体系尚未建成,这也是导致中央商务区在项目建设和创新主体引进过程中效率不高的原因之一。因此,中央商务区应构建包括企业政策、产业政策、科技政策和创业政策四方面的创新政策体系,其中,企业政策应聚焦企业自主创新、多主体协调创新、基金支持科技成果转化、重点企业扶持、科技企业招引等方面;产业政策应聚焦大健康和新金融产业、扶持金融总部和大健康龙头企业、增资奖励、金融创新、投融资、税收减免优惠等方面；科技政策应聚焦服务载体、研发创新、知识产权、融资、信用服务、人才招引与保障服务等方面；创业政策应聚焦创业服务对接平台、科技人员创业、创业企业市场培育、创新创业交流、鼓励海内外高层次人才创新创业和引进、培养与留住人才创新创业等方面。

第10章　城市创新空间的地块规划实践

创新是城市存续发展的动力来源，创新空间是承载城市发展动力的核心载体。当前，技术革新大潮在政策加持下改变了企业的传统发展逻辑，也激发了城市产业的迭代升级，实施"新制造业计划"、加快建设未来工厂已是如今城市产业高质量发展的必然之举，与之对应的是，新时代的城市创新空间组织亦面临着迫切的进化形势。本章节从这一现实背景出发，基于杭州未来工厂的实践案例，构建政企人协同视角下的创新空间微组织框架，梳理城市未来工厂的总体发展与分布格局，并遴选典型的中心型和非中心型案例进行创新空间的微组织状态剖析，在进一步凝练其特点的同时，提出对应的创新空间微组织导向，最后提出集约型商务模式、孵化型研制模式、复合型网链模式和工厂型智造模式等四种面向未来工厂的创新空间微组织模式，并从政企人协同视角分别阐释其具体内涵。本章节在契合现阶段国家产业转型升级背景的同时，也为当前城市创新空间建设未来工厂、重组适配提供了系统化的新思路，对推动城市产业高质量发展和空间提质增效具有参考意义。

10.1　面向未来工厂的创新空间微组织框架

时至今日，科学引导城市创新空间组织布局已由单纯的物质空间设计向系统的要素空间调配转变，且伴随城市迈入存量优化阶段，建设空间现已或即将达到规模"天花板"，早期管理粗放、利用效率偏低的突出问题亟待解决。2020年中共中央、国务院出台的《关于构建更加完善的要素市场化配置体制机制的意见》明确提出，当前城市需要盘活存量用地，探索新时代的城市空间组织模式，同时，以人工智能、大数据为代表的新一轮信息技术应用推动产业革新，不同城市各显其能，相继出台了各类规划引导举措，加速推进空间的现代化治理，而精细化的空间组织便是其行动的必然路径和必要选择。在此背景下，杭州依托数字经济发展优势，实施"新制造业计划"，于2021年出台了《关于加快建设"未来工厂"的若干意见》，意在加快城市产业的迭代升级，同步革新空间利用逻辑，推动城市高质量发展。

创新空间组织是城市空间组织的重要组成部分，且就这一主题而言，国内外相关研究成果较为丰富，整体呈现出以下特点：从研究对象来看，涉及企业及其内部从业人群等主体，关注企业这一主体的研究较多；从研究视角来看，涉及产业链、群、网等不同联系形式及状态，基于自上而下视角的机制探索与行动指引较多；从研究尺度来看，涉及国家、区域、城市及其内部板块（如各类开发区）等不同层次，以宏观和中观尺度的解析较多，由此在空间组织研究过程中，也形成了相应的以"'企业—产业链/群/网'+'企业—城市及其内部板块/区域/国家'"为代表、与"功能+空间"范式对应的经典认知思路。

然而，一方面在当前产城融合深度推进的形势下，人本理念是实现"以城聚人"和"以人兴产"的前置条件，关注从业人群的诉求，与关注企业需求已共同成为创新空间组织研究中不可或缺的一环；另一方面，伴随城市进入存量优化阶段，创新空间组织研究以及政府的相关引导实践迫切需要将关注尺度及对象进行进一步精细化聚焦。正因如此，未来企业的发展及其布局引导应当打破传统的空间利用逻辑，积极关注小微尺度的空间组织，并同步响应其内部从业人群生活诉求、企业生产需求和政府精细化治理要求，相应地，从政企人三方协同视角出发，综合统筹自上而下的政府要求与自下而上的企业需求与人群诉求，探讨面向未来企业的空间微组织框架与模式，这一研究是对现有创新空间组织研究体系的必要补充，其重要性显而易见。

基于上述考虑，本章节结合杭州市的未来工厂认定细则，针对聚能工厂、链主工厂、智能工厂、数字化车间四种未来工厂，分别从人群诉求、企业需求和政府要求出发，构建未来创新空间微组织框架（图10-1）：

一是人群视角下的人本化品质生活诉求。未来工厂有着突出的创新、研发等生产活动属性，其认定细则明确指出未来工厂建设强调对"智造"人才、IT人才的引入，且应具有一定比例。此类人群的工作、生活习惯与传统的流水线产业工人有着显著区别，具有较高就业条件要求的同时，对居住便利度、生活多样性、环境品质等生活条件亦颇为关注。但是，城市诸多生产空间仍在延续早期利用方式，对从业人群需求的反馈较为粗放，在小微尺度上存在着突出的公共活动空间缺失、居住配套缺乏、服务设施不足等问题，未能适时响应人本化的品质生活诉求，科学合理的创新空间微组织迫在眉睫。

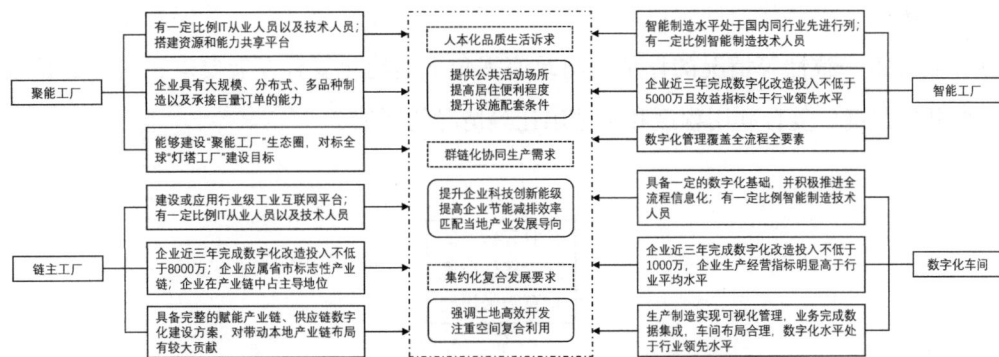

图 10-1　政企人协同视角下未来工厂认定细则及其关联需求

二是企业视角下的群链化协同生产需求。未来工厂致力于实现自身全流程的智能化制造,并强调企业间群链化协作的便利性。具有此类需求的企业通常在对应的产业链/群/网中处于领先或主导地位,一方面体现在该类企业在研发、生产、销售等环节具有突出优势,且在产出标准方面明显高于地方经济、环境等领域的准入性门槛,尤其是自身的科技创新、节能减排等特质突出;另一方面体现在该类企业的隶属产业与当地的产业发展导向一致,并能够与邻近企业协同成长,实现企业间在产业链/群/网上的联动发展。

三是政府视角下的集约化复合发展要求。从政府视角来看,与现阶段城市发展进程中日益紧迫的产业转型升级和存量空间优化的形势相一致,政府对创新空间的集约开发、复合利用要求愈发强烈,未来工厂的发展需要政府由传统的大尺度粗放式管理适时转变为小微尺度精细化治理。针对未来工厂,小微尺度的创新空间组织需要直面内部企业在功能上的互动、空间上的协调等需求,这些亟待关注的内容在创新空间的开发利用强度、复合利用程度等方面应得到集中体现,相应地,政府通过对创新空间相关内容和对应指标的控制以及对未来工厂发展的有序引导,应最大限度地发掘创新空间利用潜力,回应当下城市产业发展及其空间利用所面临的迫切形势。

人群诉求、企业需求和政府要求构成了面向未来企业的创新空间微组织框架,相应地,小微尺度创新空间层面的人群诉求、企业需求和政府要求的功能与空间联动是该框架下创新空间微组织的核心内涵(图10-2),由此也构成了对创新空间微组织情况进行评估的指标体系及具体评估内容(表10-1),其中,与人群视角下人本化品质生活诉求相对应的是对公共开敞空间、配套居住空间和服务设施等情况的评估;

与企业视角下群链化协同生产需求相对应的是对企业科技创新、节能减排以及与地方产业政策一致性等情况的评估；与政府视角下集约化复合发展要求相对应的是对土地开发强度、复合利用程度和土地出让等情况的评估。

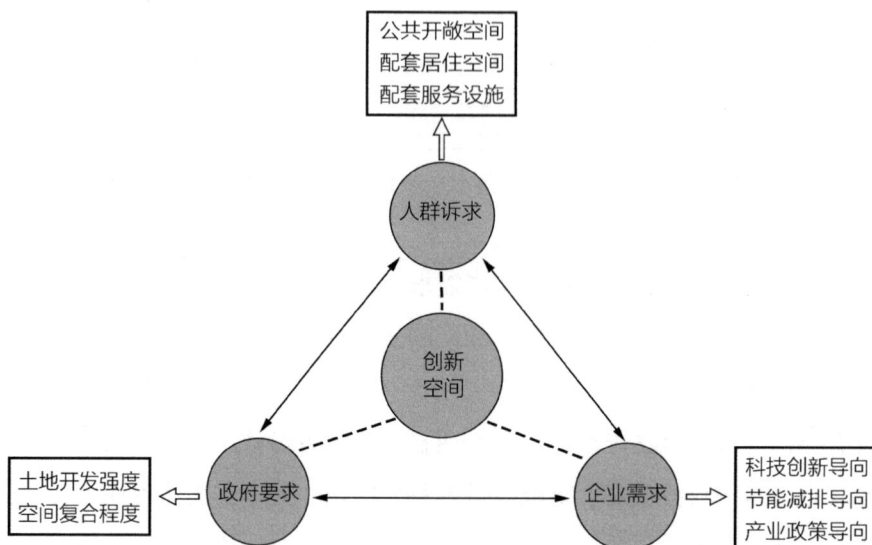

图10-2　政企人协同视角下的创新空间微组织框架

创新空间微组织情况评估指标体系　　　　　　　　表10-1

一级指标	二级指标	具体评估内容
人本化品质生活诉求	公共开敞空间	绿地和体育活动设施供给情况
	配套居住空间	居住设施供给情况
	配套服务设施	商业设施、教育文化设施、娱乐设施供给情况
群链化协同生产需求	科技创新导向	企业的隶属产业是否为战略性新兴产业 企业是否为产业内的龙头企业或其子公司
	节能减排导向	企业的主导产业是否为高耗能行业 企业的主导产业是否为重污染行业
	产业政策导向	企业的隶属产业是否为地方政策明确的主导产业类型
集约化复合发展要求	土地开发强度	土地容积率
	空间复合程度	空间为单一企业主体或是多企业主体复合利用

10.2 未来工厂分布及创新空间微组织状态

针对杭州未来工厂建设实践案例，本章节梳理其总体发展与分布格局，从中选取典型未来工厂案例，并基于前述创新空间微组织框架与评估体系，研判面向未来工厂的创新空间微组织状态。

10.2.1 杭州未来工厂的总体发展与分布格局

杭州市辖区内公布的首批未来工厂的培育企业名单共计139家，各企业隶属产业类型以电子信息、机械装备等为主，兼有服装、化工、建材、食品、造纸等传统制造产业，以及环保、医药等时下战略性新兴产业和物流、技术服务等生产性服务业，且在部分市辖区出现产业趋同化现象，如滨江区、钱塘区的未来工厂以电子信息产业为主，萧山区、临平区的未来工厂以机械装备产业为主，与之对比，余杭、富阳等区的未来工厂涉及产业类型较为多样（图10-3）。

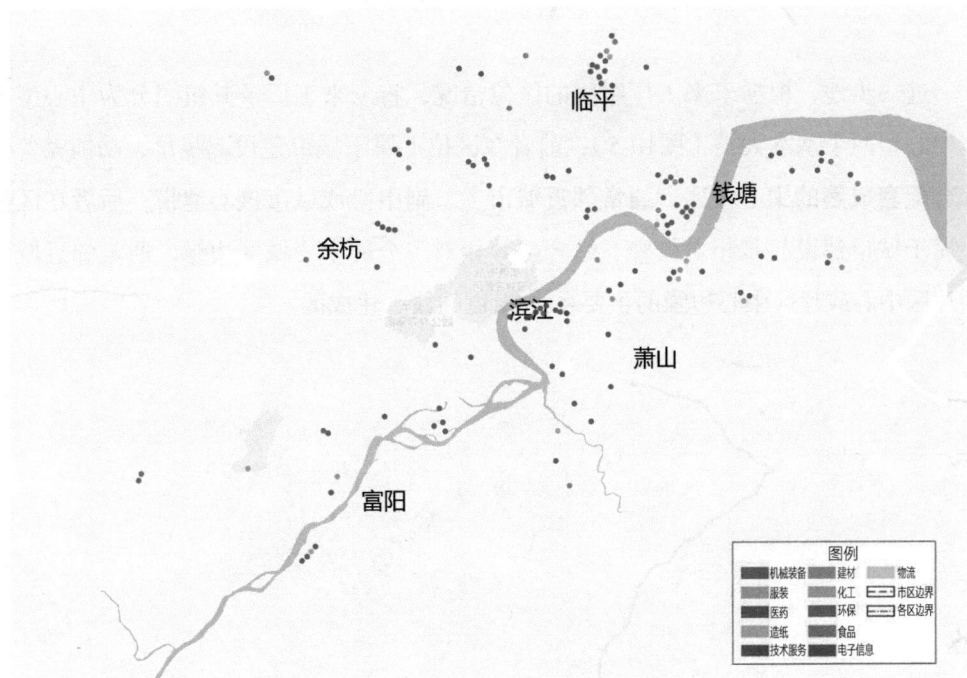

图 10-3 杭州未来工厂及其隶属产业情况

在分布格局方面，通过对杭州未来工厂进行核密度分析可见（图10-4），未来工厂的分布总体呈现出"散中有聚"的特点，即未来工厂在杭州市内整体呈散布状态，尤其是在萧山、余杭、富阳等外围市辖区布局较为分散，但在滨江、钱塘、临平三区，未来工厂的布局则相对集中，形成了高聚集度的未来工厂组团。

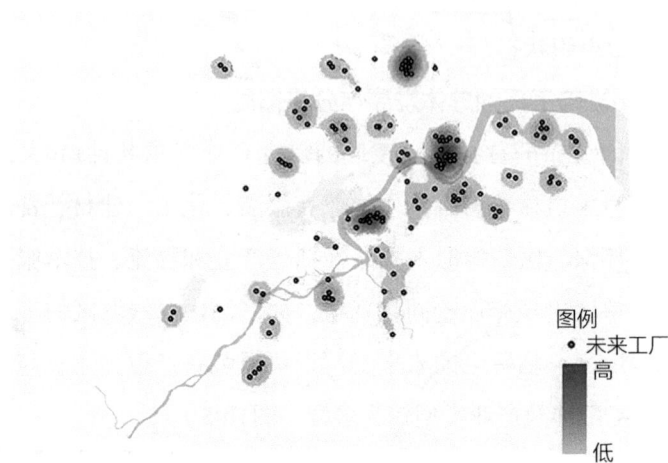

图10-4　杭州未来工厂的核密度分析

进一步地，根据未来工厂组团的区位情况，将未来工厂及其组团分为中心型与非中心型两个基本大类（图10-5），前者在区位上属于城市建设起步早、功能完备、综合配套成熟的中心城区，通常邻近城市主、副中心或城市核心地带；后者在区位上属于城市建设起步相对较晚、综合配套相对齐全的中心城区边缘，通常邻近城市的片区中心或片区中心边缘的主要乡镇/街道的核心建成区。

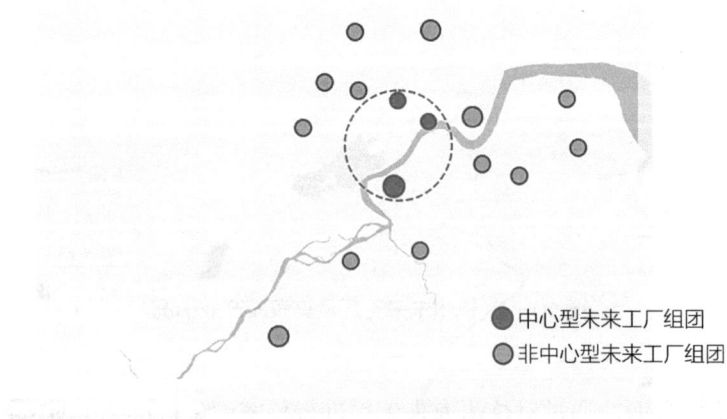

图10-5　杭州未来工厂组团分布示意

10.2.2 面向未来工厂的创新空间微组织状态

从未来工厂的区位、类型、隶属产业和分布格局情况出发，在中心型与非中心型分布较为集中的未来工厂中，研究选取8个未来工厂案例，并根据现行城市生活配套设施配置标准及配套设施在未来工厂周边分布的实际情况，以未来工厂周边800m范围为标准，结合道路边界和高架桥、未利用地等实际条件，划定小微尺度创新空间的研究范围（图10-6），研判面向未来工厂的创新空间微组织状态。在8个未来工厂案例中，中心型未来工厂选择杭州网易严选贸易有限公司（聚能工厂）、新华三技术有限公司（链主工厂）、浙江中控技术股份有限公司（智能工厂）以及纳晶科技股份有限公司（数字化车间）为案例工厂，案例主要位于作为信息经济强区的滨江区；非中心型未来工厂选择的阿里巴巴迅犀（杭州）数字科技有限公司（聚能工厂）、杭州西奥电梯有限公司（链主工厂）、浙江铁流离合器股份有限公司（智能工厂）以及杭州安杰思医学科技股份有限公司（数字化车间）为案例工厂，案例主要位于作为浙江省首个智能制造示范基地和杭州制造业强区的临平区。

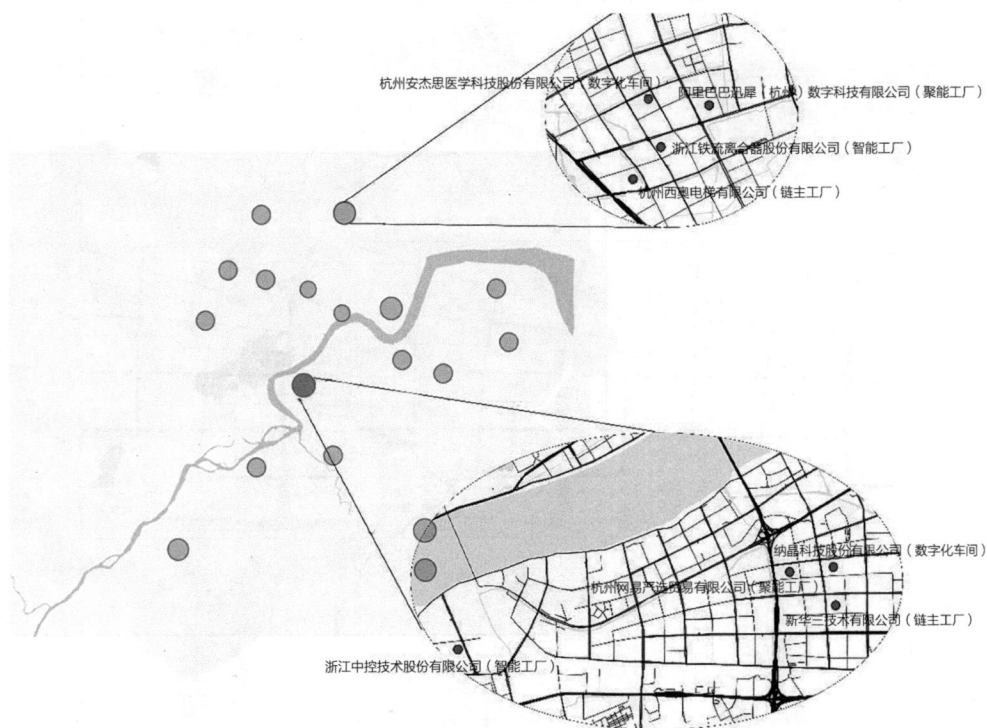

图 10-6 未来工厂案例

（1）面向中心型未来工厂的创新空间微组织状态

①聚能工厂周边空间

从人群视角来看，聚能工厂周边以生产空间为主，存在一定体量的绿地和居住空间，休闲、娱乐、购物、文教等生活配套功能与设施完备（图10-7）；从企业视角来看，围绕聚能工厂的企业包括拓森科技、中控软件、阿里巴巴（滨江）、网易、国岳网络等，以电子信息类产业为主导，与工厂产业导向一致，且在科技创新、节能减排等方面具有明显优势（图10-8）；从政府视角来看，聚能工厂周边地块的容积率为1.0～2.0，部分地块存在空间复合利用情况（图10-8）。

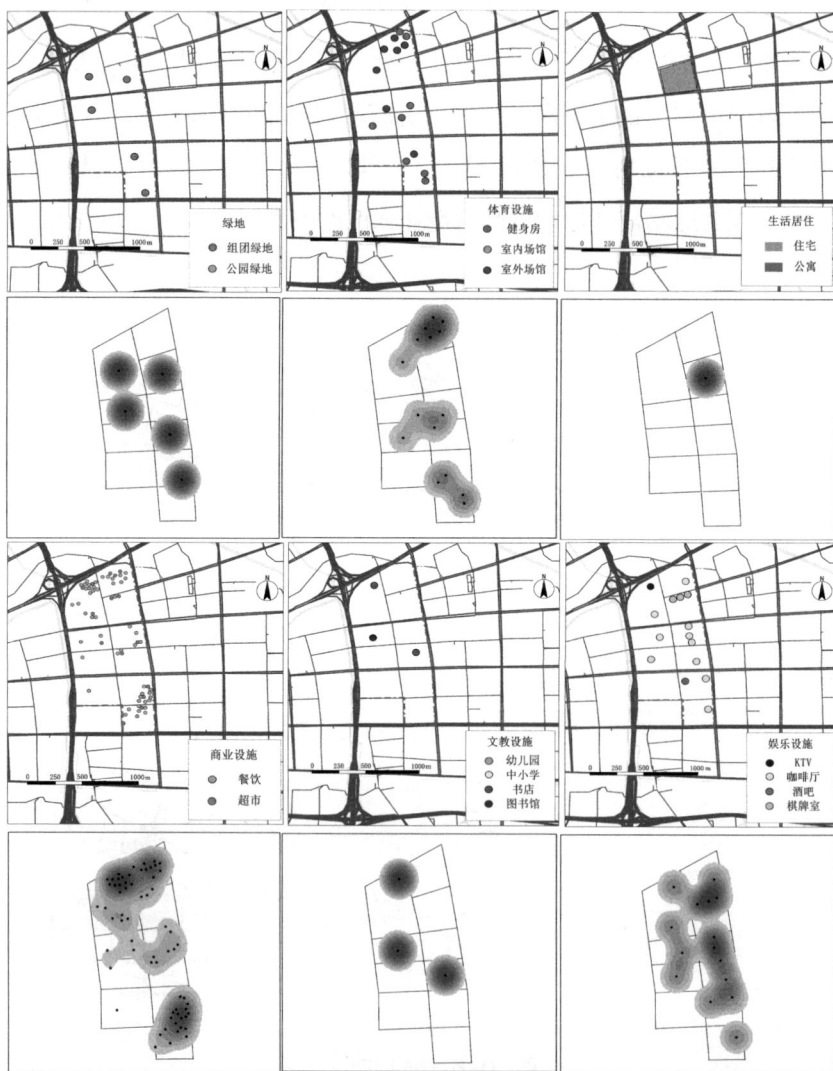

图10-7　聚能工厂周边各类设施空间分布及影响情况

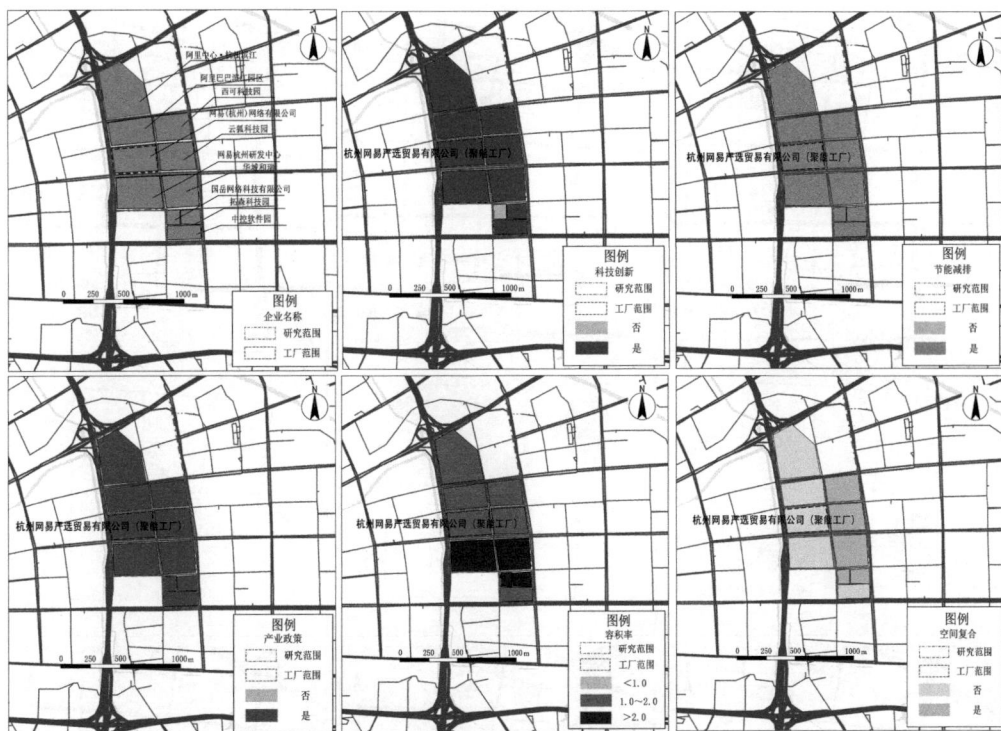

图10-8 聚能工厂周边企业情况评估

资料来源: 笔者根据高德地图、爱企查及其他网站信息结合现场调研整理所得, 下同

②链主工厂周边空间

从人群视角来看, 链主工厂周边以生产空间为主, 绿地空间充足, 居住空间少, 休闲、娱乐、购物、文教等生活配套功能与设施完备 (图10-9); 从企业视角来看, 围绕链主工厂的企业包括乐通科技、乐苏科技、长川科技、英飞特、中国航天等, 以电子信息、机械装备产业为主导, 多数企业隶属产业与工厂主导产业类型一致, 除个别企业外, 整体在科技创新、节能减排等方面具有一定优势; 从政府视角来看, 链主工厂周边地块的容积率多在2.0以上, 且多数地块为空间复合利用 (图10-10)。

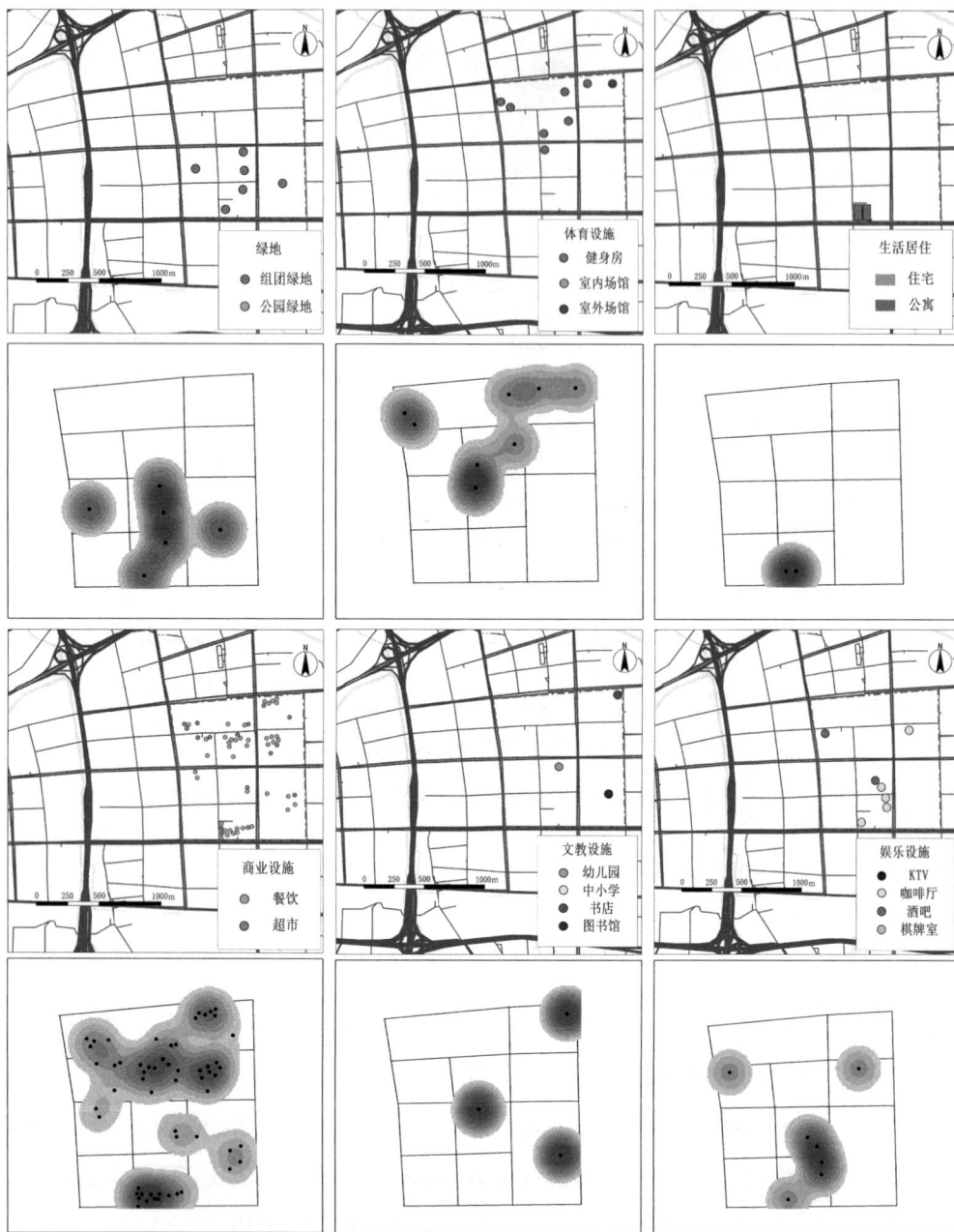

图 10-9　链主工厂周边各类设施空间分布及影响情况

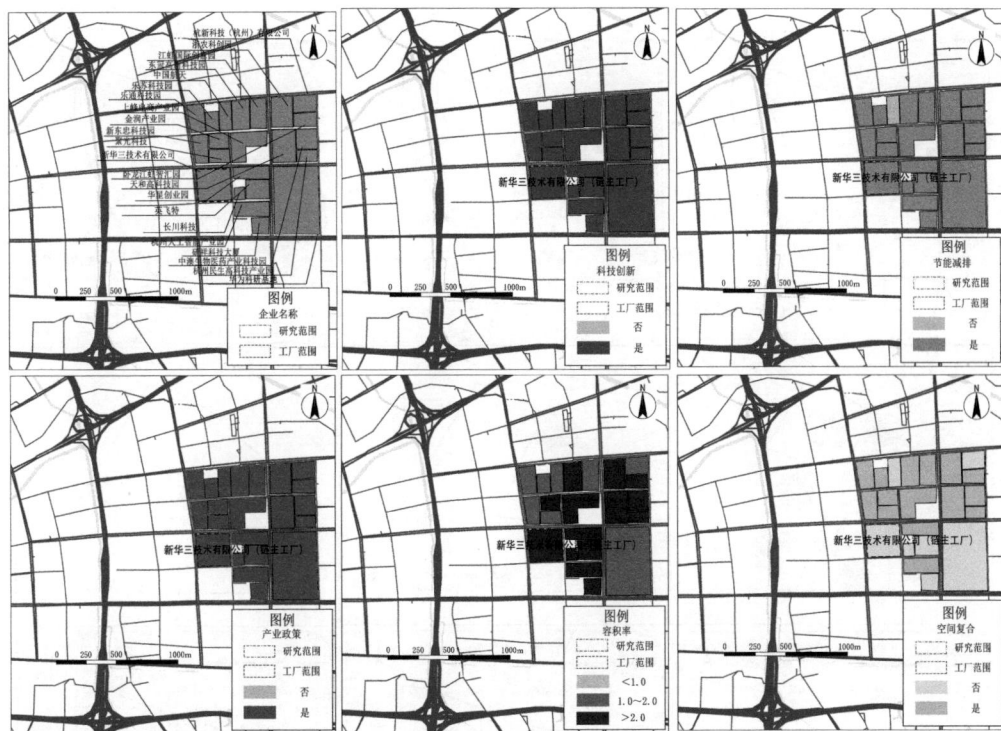

图10-10 链主工厂周边企业情况评估

③智能工厂周边空间

从人群视角来看，智能工厂周边生产空间和居住空间在规模上相对均衡，绿地空间充足，休闲、娱乐、购物、文教等生活配套功能与设施基本完备（图10-11）；从企业视角来看，围绕智能工厂的企业包括中控科技、东方通信科技、华为等，以电子信息产业为主导，在科技创新、节能减排等方面具有优势，并有部分非主导产业类型的企业分布在智能工厂周边的创新创业基地；从政府视角来看，智能工厂周边地块容积率在2.0以下，且以低于1.0的情况居多，部分地块未见空间复合利用情况（图10-12）。

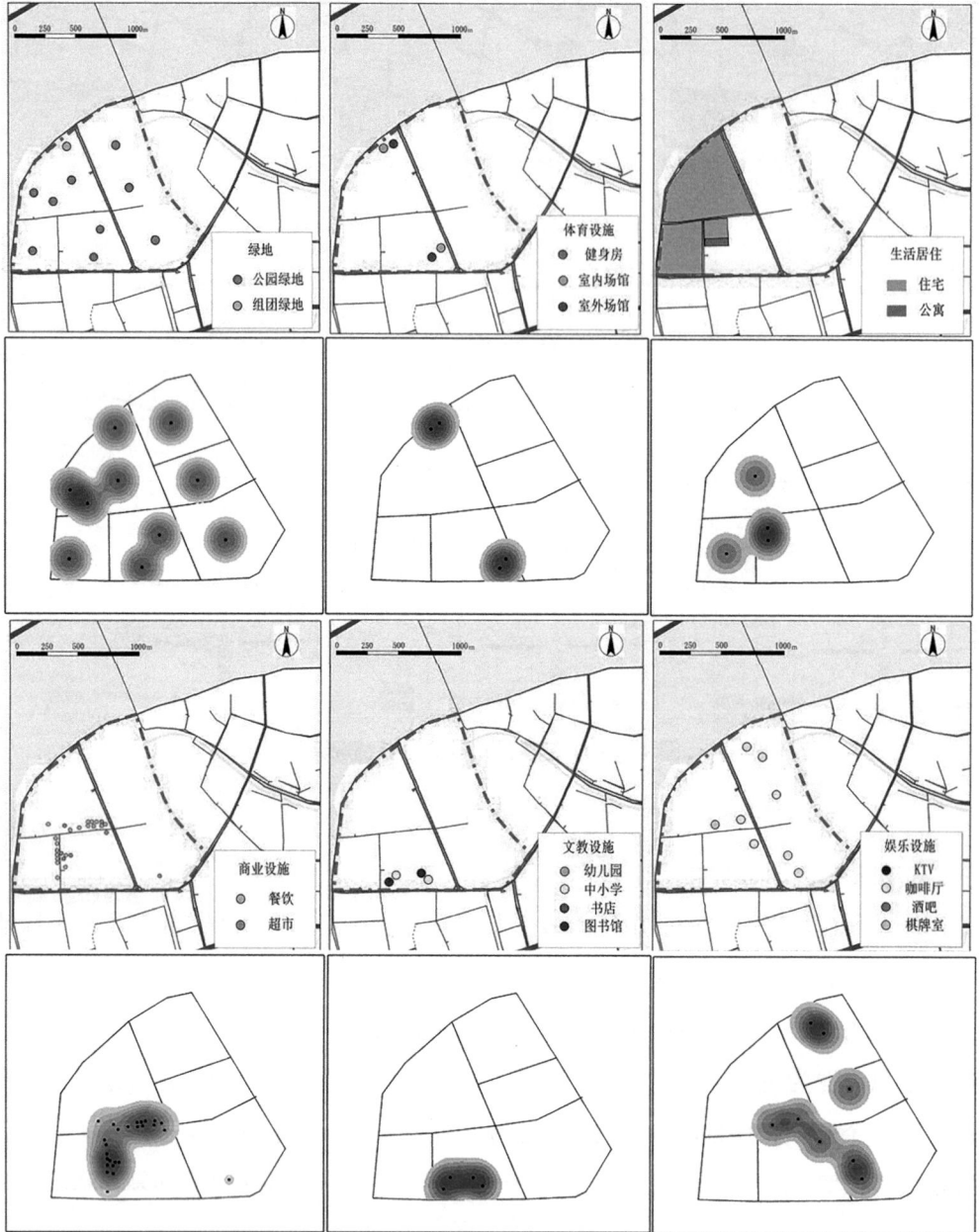

图10-11　智能工厂周边各类设施空间分布及影响情况

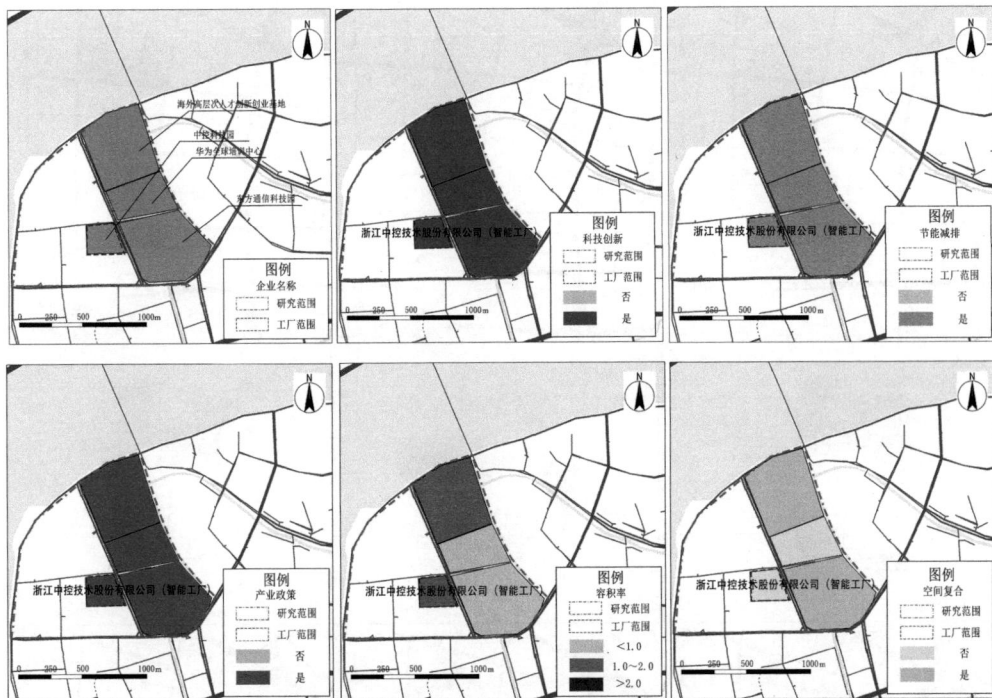

图 10-12　智能工厂周边企业情况评估

④数字化车间周边空间

从人群视角来看，数字化车间周边存在生产空间和部分绿地与居住空间，其中居住空间主要集中在车间北侧，且休闲、娱乐、购物、文教等生活配套功能与设施良好（图10-13）；从企业视角来看，围绕数字化车间的企业包括天和高科技、卧龙江虹智汇、新华三技术、杭新科技等，以电子信息、装备制造产业为主导，在科技创新、节能减排等方面优势突出，伴有部分电商和生物医药企业在周边分布；从政府视角来看，数字化车间周边地块的用地容积率都在1.0以上，多数地块存在空间复合利用情况（图10-14）。

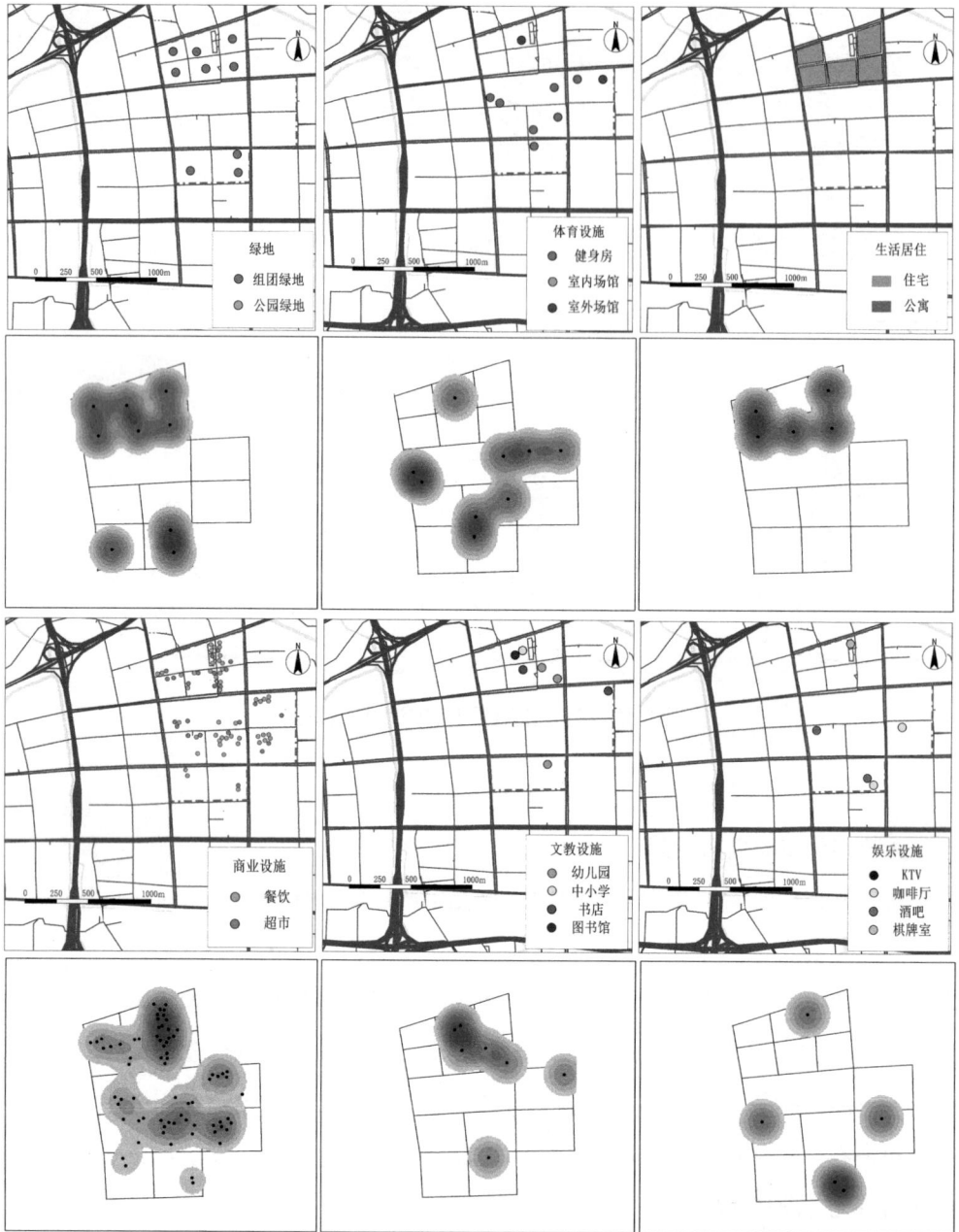

图 10-13　数字化车间周边各类设施空间分布及影响情况

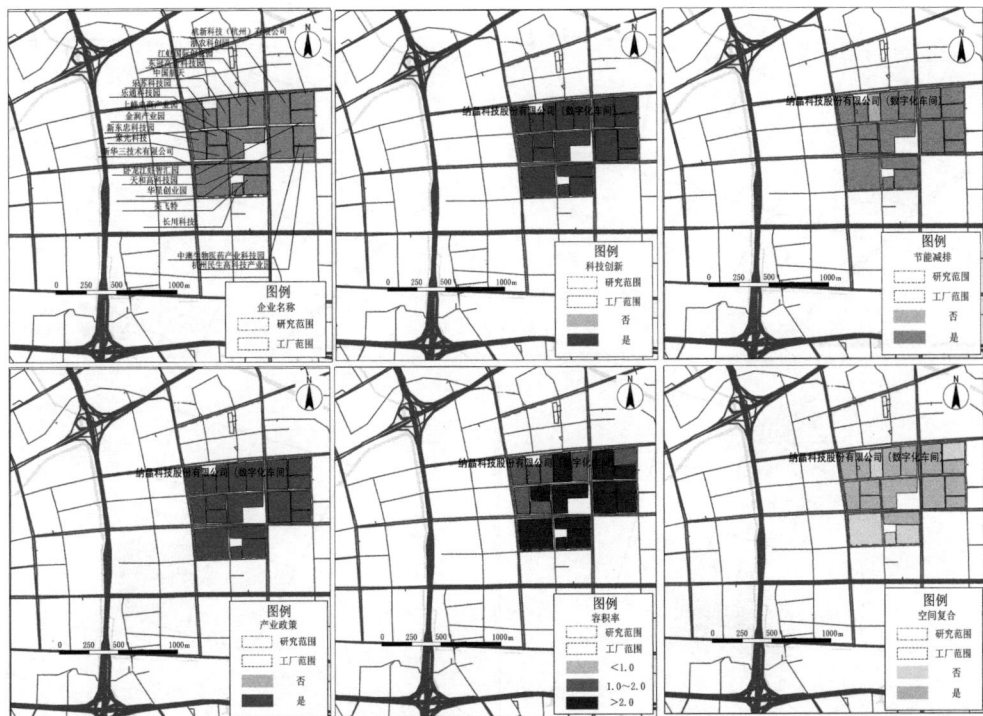

图10-14 数字化车间周边企业情况评估

（2）面向非中心型未来工厂的创新空间微组织状态

①聚能工厂周边空间

从人群视角来看，聚能工厂周边存在一定体量的绿地与居住空间，但生活配套明显不足，尤其缺少文教、娱乐等生活配套功能与设施（图10-15）；从企业视角来看，围绕聚能工厂的企业包括豪波安全、嘉美国际包装、天地数码、全盛机电、柏年智能光电子、龙德医药、贝因美等，涉及机械装备、印刷、医药、新材料、食品加工等多种产业类型，企业整体质量较高，相关产业在科技创新、节能减排等方面表现良好；从政府视角来看，聚能工厂周边多数地块容积率为1.0～2.0，空间复合利用情况不明显（图10-16）。

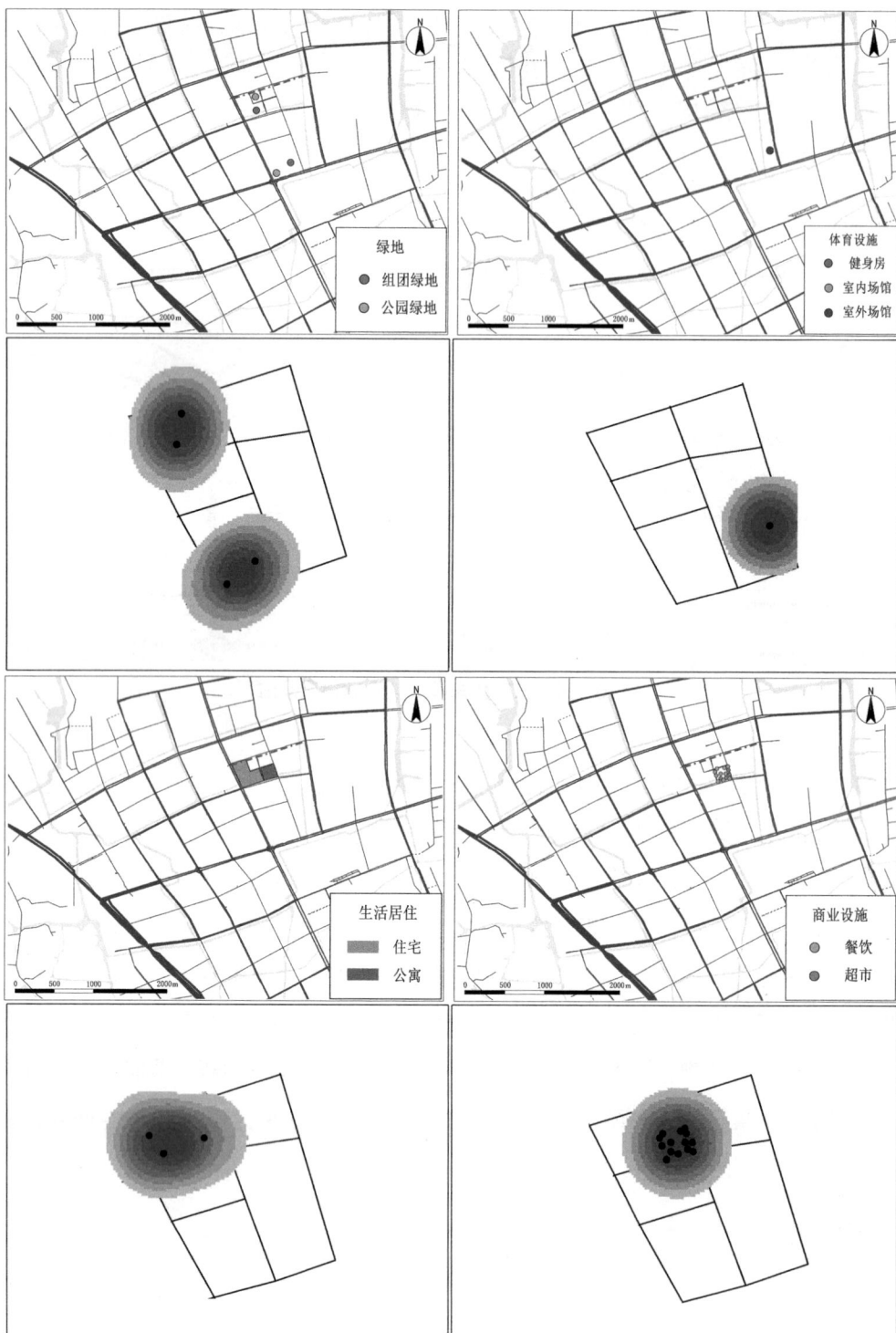

图 10-15　聚能工厂周边各类设施空间分布及影响情况

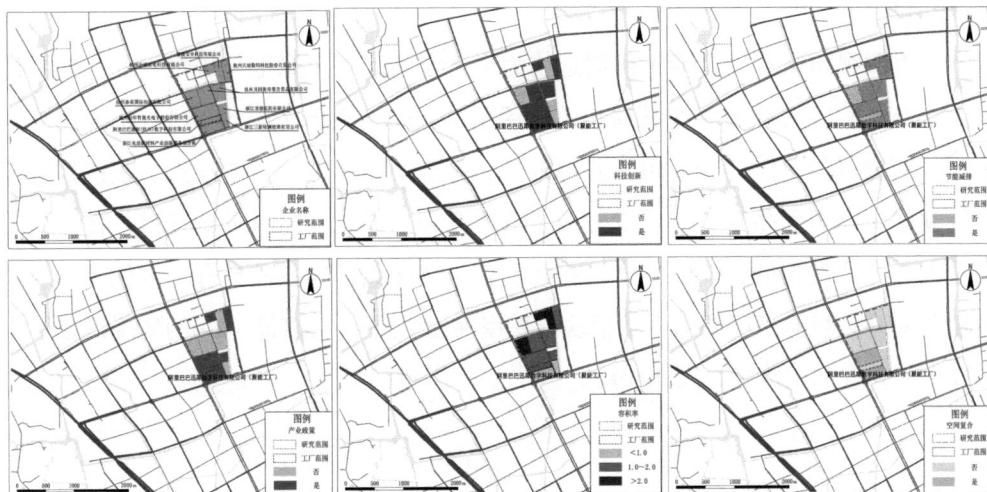

图 10-16 聚能工厂周边企业情况评估

②链主工厂周边空间

从人群视角来看，链主工厂周边均为生产空间，缺少绿地与居住空间，且不存在相关生活配套功能与设施；从企业视角来看，围绕链主工厂的企业包括西奥电梯、兴源环境、三利电器电缆、港通电器、港力液压机械、万通智控、尚越光电、华临绿建、禹杭医药、忆江南、通发供应链管理等，涉及机械装备、新材料、医药、食品加工、物流配送等产业类型，在科技创新、节能减排等方面表现良好；从政府视角来看，链主工厂周边多数用地容积率为1.0~2.0，未见空间复合利用情况（图10-17）。

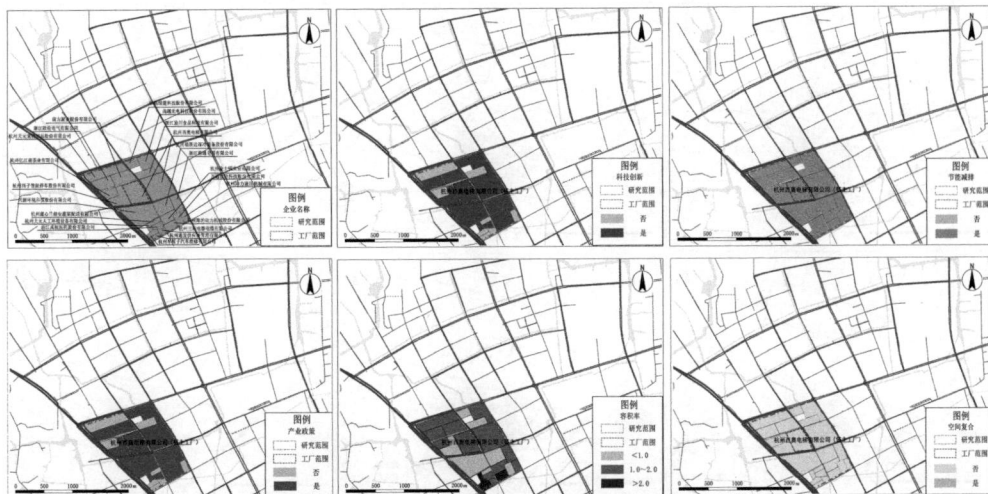

图 10-17 链主工厂周边企业情况评估

③智能工厂周边空间

从人群视角来看，智能工厂周边均为生产空间，缺少绿地与居住空间，仅一处商业设施，除此之外不存在其他相关生活配套功能与设施（图10-18）；从企业视角来看，围绕智能工厂的企业包括联邦电气、南都动力、朗快智能科技、福朗机电、华临绿建、励川食品等，主要以机械装备产业为主导，存在少量新材料、食品加工等非主导产业类型的企业，整体在科技创新、节能减排等方面具有一定优势；从政府视角来看，智能工厂周边多数地块容积率在2.0以下，且以低于1.0的情况居多，不存在空间复合利用情况（图10-19）。

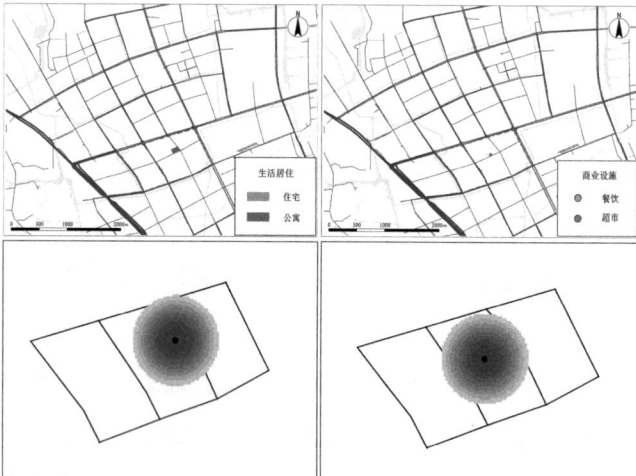

图10-18 智能工厂周边各类设施空间分布及影响情况

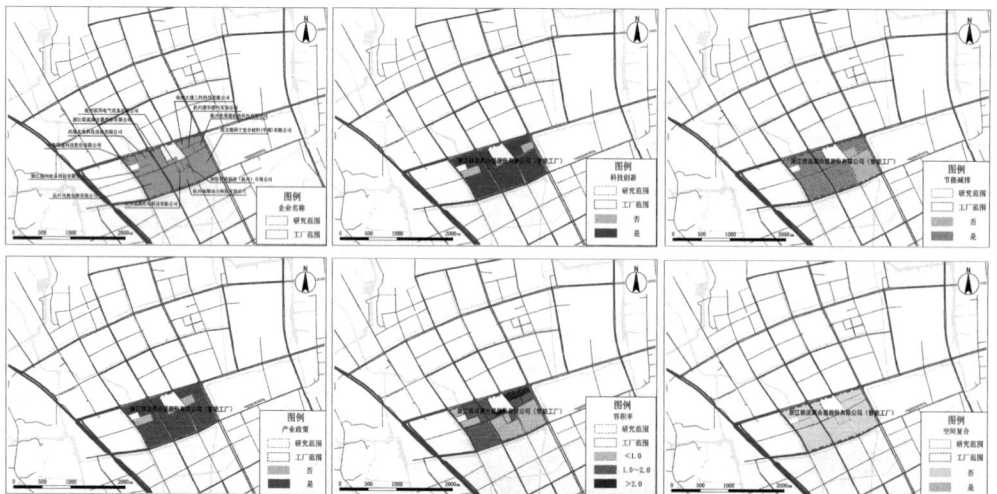

图10-19 智能工厂周边企业情况评估

④数字化车间周边空间

从人群视角来看，数字化车间周边以生产空间为主，存在一定规模的绿地和居住空间，但相关生活配套功能与设施不足，综合服务能力和覆盖面有限（图10-20）；从企业视角来看，围绕数字化车间的企业包括江潮电机、帷盛科技、耐立电气、中为光电技术、金日汽车零部件、天天好医药、蓝海星盐制品、励测检测、鑫晋科技、正堂实业、美嘉标服饰、宝亮包装、亿万工具等，主要以机械装备产业为主导，存在部分生物医药、新材料、食品加工、技术服务、服装加工等产业类型的企

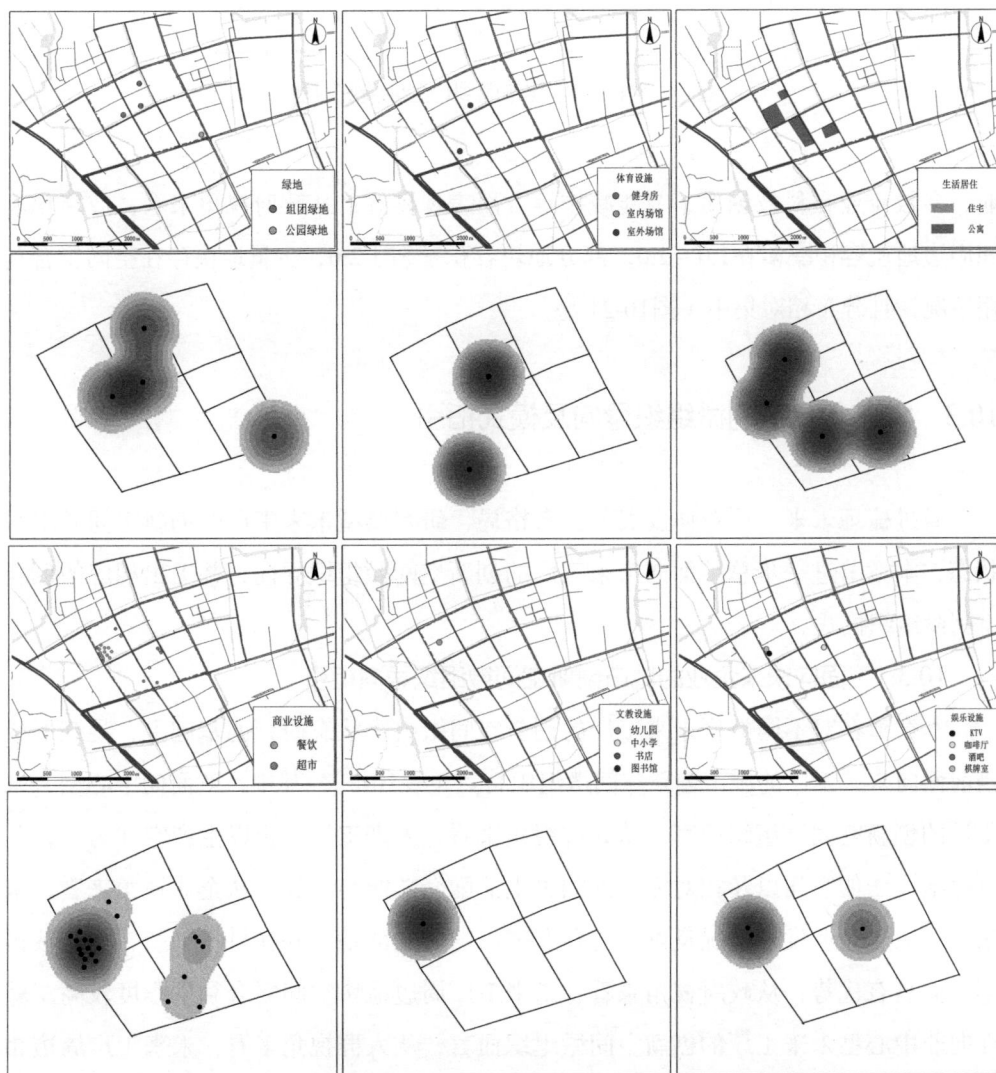

图10-20 数字化车间周边各类设施空间分布及影响情况

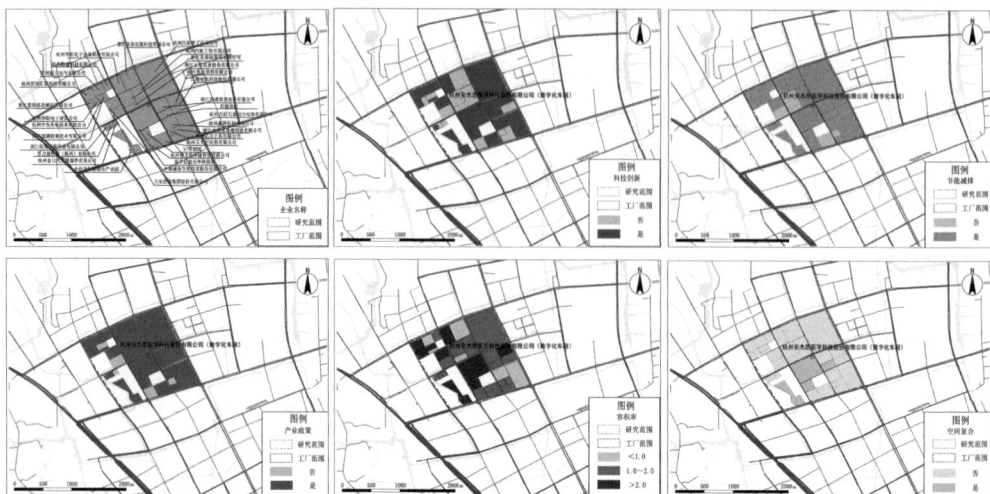

图 10-21　数字化车间周边企业情况评估

业，多数企业在科技创新、节能减排等方面表现良好；从政府视角来看，数字化车间周边地块容积率多在1.0～2.0，部分地块容积率高于2.0，少量地块存在空间复合利用情况，且分布相对集中（图10-21）。

10.3　城市创新空间微组织导向及模式指引

通过梳理未来工厂总体发展与分布格局，研判典型未来工厂的创新空间微组织状态，本章节进一步总结面向未来工厂的创新空间微组织导向，并提出相应的创新空间微组织模式。

10.3.1　面向未来企业的城市创新空间微组织导向指引

本章节在对不同类型未来工厂的创新空间微组织状态研判的基础上，凝练形成当前面向未来工厂的城市创新空间微组织特点（表10-2），其中，就面向中心型未来工厂的创新空间微组织而言，从人群视角来看，未来工厂周边以生产空间为主，并有绿地、居住空间以及相对完善的相关生活配套功能与设施；从企业视角来看，未来工厂周边企业发展情况良好，均存在突出的研发活动，并在科技创新、节能减排等方面具有优势；从政府视角来看，未来工厂周边地块空间复合利用程度较高。就面向非中心型未来工厂的创新空间微组织而言，从人群视角来看，未来工厂周边相关生活配套功能与设施供给严重不足，也少有居住空间配套；从企业视角来看，企业的产业发展整体情况良好，部分产业及内部企业有待升级，其中聚能工厂和链主工厂周边企业的生产与生产性服务活动结合紧密，智能工厂和数字化车间周边企业以生产活动为主；从政府视角来看，未来工厂周边地块整体容积率偏低，且空间复合利用情况不多。

面向不同类型未来工厂的城市创新空间微组织特点　　　　　　表 10-2

未来工厂类型		创新空间微组织特点		
		人群视角	企业视角	政府视角
中心型	聚能工厂	生产空间为主，少量居住空间，生活配套完备	以研发、办公活动为主，企业具有科创、环保优势	容积率中等，部分空间复合利用
	链主工厂	生产空间为主，少量居住空间，生活配套完备	以研发、办公活动为主，企业具有科创、环保优势	容积率较高，多数空间复合利用
	智能工厂	生产与居住空间规模均衡，生活配套基本完备	以研发、双创活动为主，企业具有科创、环保优势	容积率偏低，部分空间复合利用
	数字化车间	生产空间居多，有部分居住空间，生活配套良好	以研发、生产活动为主，企业具有科创、环保优势	容积率中等，多数空间复合利用
非中心型	聚能工厂	生产空间居多，有部分居住空间，生活配套缺少	各类生产及关联生产性服务活动丰富，多数企业在科创、环保方面表现良好	容积率中等，少量空间复合利用
	链主工厂	均为生产空间，生活配套缺失	各类生产及关联生产性服务活动丰富，多数企业在科创、环保方面表现良好	容积率中等，空间未有复合利用
	智能工厂	均为生产空间，生活配套缺失	以生产活动为主，企业在科创、环保方面总体表现良好	容积率偏低，空间未有复合利用
	数字化车间	生产空间为主，少量居住空间，生活配套缺少	以生产活动为主，多数企业在科创、环保方面表现良好	容积率中等，存在少量空间复合利用

比对不同类型未来工厂的创新空间微组织特点可见，面向中心型和非中心型未来工厂的创新空间微组织特点差异明显，但在二者内部，中心型未来工厂中面向聚能工厂与链主工厂的创新空间、面向智能工厂与数字化车间的创新空间，非中心型未来工厂中面向聚能工厂与链主工厂的创新空间、面向智能工厂与数字化车间的创新空间之间，在创新空间微组织特点上又具有一定共性，由此也相应形成了相对一致的创新空间微组织导向。基于这一考虑，研究从政企人视角出发，联动人本化品质生活诉求、群链化协同生产需求和集约化复合发展要求，结合面向不同类型未来工厂的创新空间微组织特点，明确对应的功能与空间组织导向（表10-3）。

面向未来工厂的创新空间微组织导向　　　　　　　　　　　　表 10-3

未来工厂形态		创新空间微组织的共性特点	创新空间微组织导向
中心型	聚能工厂 链主工厂	研办结合，有序衔接城市功能，有机嵌入城市空间	商务主导、高效集约
	智能工厂 数字化车间	研产结合，按需配置生活空间及设施，有机嵌入城市空间	科技孵化、群聚共享
非中心型	聚能工厂 链主工厂	产学研一体，高标准配套生活空间及设施，推进空间高效复合利用	网络聚能、链式联动
	智能工厂 数字化车间	生产主导，按需配置生活空间及设施，形成疏密有致的空间组织格局	高端制造、智慧连锁

10.3.2　面向未来企业的城市创新空间微组织模式指引

以创新空间微组织的不同导向为指引，基于政企人视角，本书进一步提出面向未来工厂的创新空间微组织模式，即集约型商务模式、孵化型研制模式、复合型网链模式和工厂型智造模式，具体内容如下：

（1）集约型商务模式

集约型商务模式对应创新空间微组织的"商务主导、高效集约"导向。从企业视角出发，集约型商务模式适用于发展总部经济、楼宇经济，以高端生产性服务业为主要产业方向，注重培育兼具科技研发优势和产出效率优势的头部企业；从人群视角出发，高度衔接创新空间周边生活单元现有的城市功能，尤其要合理利用周边居住空间以及绿地、体育、商业、娱乐、文教等设施；从政府视角出发，在创新空间内部采用以办公大楼为代表的土地高效集约利用方式，以设计研发等产业链环节和都市型产业为主要承载内容，并充分利用周边生活单元的现有城市功能，逐步引导企业在功能和空间上全方位融入城市（图10-22）。

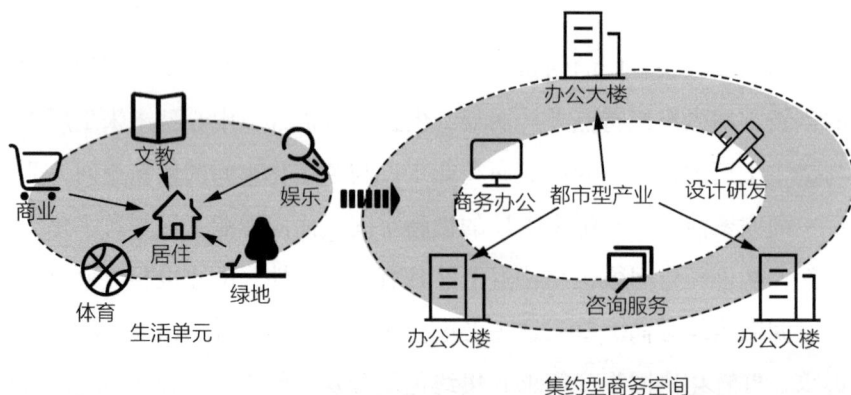

图 10-22　集约型商务模式图

（2）孵化型研制模式

孵化型研制模式对应创新空间微组织的"科技孵化、群聚共享"导向。从企业视角出发，孵化型研制模式主要适用于产业链前端的科学技术孕育孵化，以高科技产品开发以及配套的生产性服务业为产业发展方向，通过培育一批科创型中小微企业和孵化型服务综合体，探索由单纯的产品制造转向"产品+服务"的发展模式；从人群视角出发，配套设施应以人才公寓为主体打造集约化生活单元，并合理布置生活空间、生产性服务空间等设施；从政府视角出发，在创新空间内部形成科研机构、孵化企业以及服务综合体群聚的内核，并围绕内核有机布置一定数量的生活单元、加速器和中小型制造工厂等，在兼顾职住平衡的同时，拓宽产业发展路径（图10-23）。

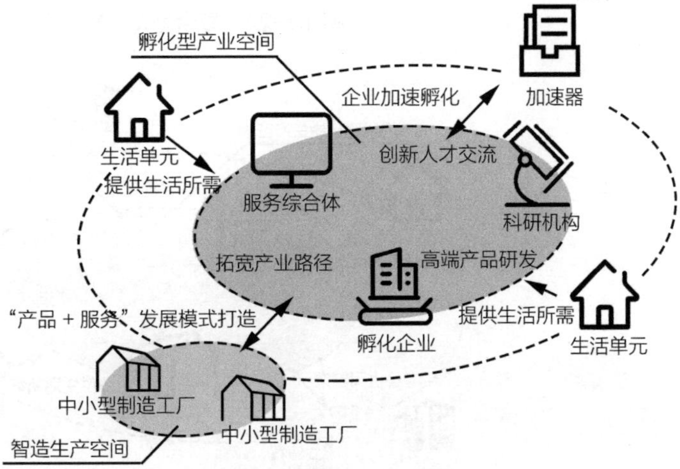

图10-23　孵化型研制模式图

（3）复合型网链模式

复合型网链模式对应创新空间微组织的"网络聚能、链式联动"导向。从企业视角出发，复合型网链模式适用于发展新一代信息技术产业和高端装备制造业，依托现有产业基础，网络化联动平台型企业与制造业巨头在资源和技术上的优势，将设计研发、生产制造、营销服务等环节紧密连接，实现智能化转型发展；从人群视角出发，结合企业内从业人群的诉求，尤其是高精尖技术人群的诉求，将人才公寓作为主要居住功能供给形式，综合配套体育公园以及商业、娱乐等配套服务设施，充分满足从业人群日常生活及交流活动需要；从政府视角出发，在创新空间内部形成复合化、高容积率的生产与生活功能共享的空间内核，主要包括高品质生活空间和合作研发、商务会议、综合会展等创新性生产空间，并围绕内核布局具有生产规模优势的龙头企业和科研院所，形成产学研一体化的创新网络与产业链条（图10-24）。

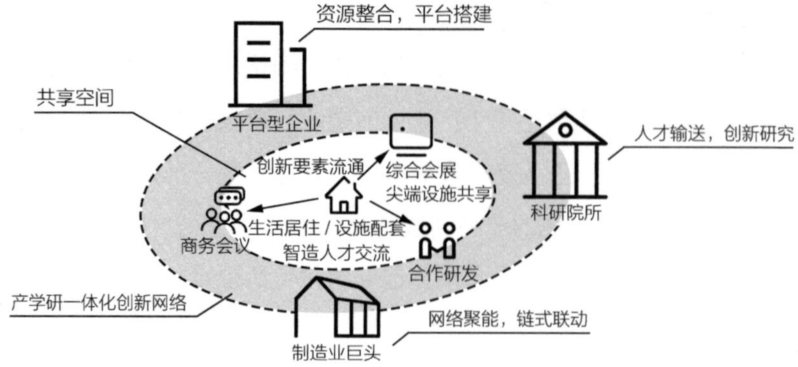

图10-24 复合型网链模式图

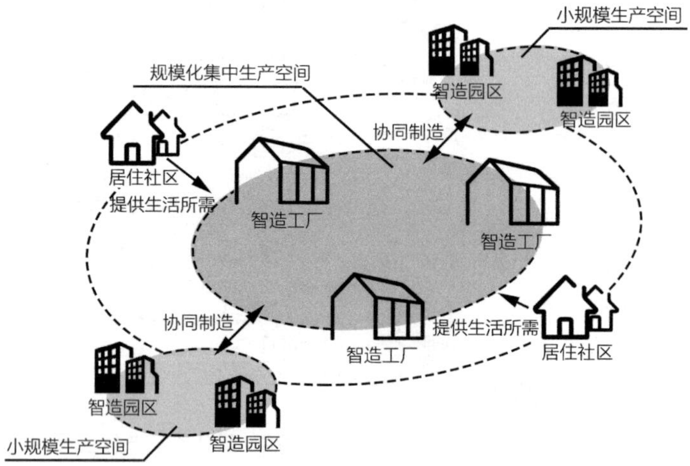

图10-25 工厂型智造模式图

（4）工厂型智造模式

工厂型智造模式对应创新空间微组织的"高端制造、智慧连锁"导向。从企业视角出发，工厂型智造模式主要适用于高端装备制造、生物技术、新能源等战略性新兴产业，强调制造过程的可视化管理，尤其应达到装备和生产线数字化、应用系统集成等要求，以形成主导产业突出、优质企业集聚、高端要素集成的智造空间；从人群视角出发，大型制造工厂需要配备一定规模的居住设施（可以员工宿舍的形式），并围绕居住设施配套一定数量的绿地开敞空间和相关生活服务设施，工厂集中区外围的关联智造园周边可以建设一定规模的居住社区（以人才公寓和住宅为主），并完善各类生活服务设施，满足从业者及其家庭成员的生活所需；从政府视角出发，在创新空间内部设立大型制造工厂相对集中的单一生产空间，同时，围绕工厂集中区有机配置若干小规模智造园区和生活空间与设施，形成疏密有致的空间组织格局（图10-25）。

四

政策保障篇

第 11 章　面向创新城市建设的政策建议

第 11 章　面向创新城市建设的政策建议

创新城市建设已是当今城市发展的必然选择。本书聚焦创新空间这一对象，系统阐释其类型、区位和尺度等属性，并就创新城市建设中的创新空间规划进行了系统探索，其间也相应揭示了创新城市建设过程中各类主体、要素的联动关系、特征与规律。据此，研究进一步提出创新城市建设的相关政策建议，涉及政策制定原则、治理策略、行动支持和举措引导。

11.1　创新城市建设政策制定的基本原则

创新城市建设是一项系统工程，既要兼顾创新主体、创新资源之间的相互协调，又要充分考虑城市间的差异化特点，还应关注相关政策执行的可操作空间，由此，本章节确立了创新城市建设政策制定的三大基本原则，即协调性原则、差异性原则和可操作原则。

11.1.1　协调性原则

创新城市建设的相关政策制定应兼顾创新资源的统筹配置和创新主体协同，从而实现资源和主体之间的协调一致，单一的资源、独立的主体抑或是只强调其一，都会降低创新效率。例如，在理解技术创新时，不能将其简单地理解为产生或引进新的技术，还应涉及成果的应用与转化，以及后续生产力的提高，相应地，创新效益也会从中得到提高。因此，在创新城市建设过程中，政策的制定应实现综合促进政产学研结合和科技成果转化，避免只针对单一的资源或主体，并能够将财政、金融、科技、教育、人才、环境等领域的政策进行关联，注重协调性，形成系统性的政策工具包，由此才能科学发挥政策价值并产生广泛的效益。

11.1.2　差异性原则

创新城市建设政策的制定应根据地方特色、创新资源、产业优势等具体情况，设计和应用相关政策工具。忽视城市产业基础、资源条件等差异，套用国家或先发地区的城市创新发展定位和产业支持政策，都会导致同质化竞争、产能过剩等问题。例如，部分城市罔顾自身产业基础和产业发展条件，照搬照抄国家新兴产业重点培育政策，从而造成资源浪费和严重的产业政策、产业体系规划同质化现象。因此，创新城市建设政策的制定应遵循差异性原则，既不能罔顾自身发展基础，照搬照抄国家创新政策，也不能直接套用先发地区的成功经验。

11.1.3　可操作原则

创新城市建设政策的制定应清晰明确，切实可行，应制定相对具体且符合发展实际的政策，尤其应确立城市创新发展的相关支持策略、措施与行动等一揽子安排予以保障。当前，创新城市建设政策的制定普遍热衷于宏大战略，往往忽视与之配套的具体创新策略、措施与行动，如不切实际地盲目拔高目标，考核体系针对性不强、泛化问题严重，政策设计粗糙、表述笼统，关键问题考虑不到位等现象，均会使行动落实大打折扣，也正因如此，许多城市的创新城市建设宏伟目标往往停留在战略规划层面，难以真正实现。

11.2　面向创新城市治理的策略设计建议

创新人才与创新意识是城市创新的源头和创新空间成长的灵魂，创新环境是培育创新活动的土壤。为此，本章节围绕创新空间的协同发展、创新人才与意识的培育以及创新城市的环境营造，提出相应的策略设计建议。

11.2.1　建构创新空间的协同发展范式

城市应大力推动建设多类型的城市内部创新空间，特别是推进创新空间与厂区、园区、校区和社区的合理结合，从而形成就近、就地、就便的城市内部多尺度创新空间网络和普惠化、大众化、全域化分布的创新系统，以承载创新城市建设的相关活动。

创新空间的类型、区位和尺度具有多样性，由此也带来了其形成和发展的复杂性、不平衡性以及不确定性，因此，需要协调创新空间之间以及创新空间内部的创新主体利益分配与角色定位，加快探索创新空间的协同发展范式。

城市核心地区与边缘地区也需要共建城市创新合作平台，进而引导各类创新要素趋向城市的边缘洼地展开创新创业，促进核心地区的高端要素与边缘地区的低成本空间有机结合，形成优势互补、全域贯通的创新链，从而加快城市创新空间格局重塑。

11.2.2　健全创新人才与意识培育系统

良好的城市创新环境有赖于创新人才与创新意识双系统的培育，从而最大限度地实现城市内部知识、信息、文化等展开充分交流，进而产生密集的创新活动；反之，良好的创新环境也会对创新人才的培养和创新意识的培育产生积极的促进作用。

政府应积极营造宽松的创新氛围，打造宜居宜业的创新环境，加强内部创新要素的流动与知识文化的交流，引导各类创新主体培育创新意识，并保证城市内部创新人才的稳定输送与创新环境保鲜能力的持久性延续。

同时，城市还应注重各类创新平台、项目与渠道的建设，如通过建立不同类型的文化平台（如技术项目交流会、政产学研促进会、行业生产攻关研讨会等），增强创新人才间的沟通、交流与合作，放大人才规模效应；通过项目合作，促进创新主体之间的信息沟通和资源共享，加快知识转化和技术转移，从而形成长期的合作关系；鼓励非政府组织、非营利组织等积极参与创新孵化系统的构建行动，以点带面，扩大创新生态系统的覆盖面和影响力。

11.2.3　注重创新城市的环境营造体系

城市创新环境主要包括硬件环境和软件环境两方面，其中，硬件环境指厂房、交通、通信、电力、供水等基础设施，是创新活动的重要支撑，创新城市的硬件环境治理是营造城市创新环境的先决条件与基础保障。

软件环境主要由制度、市场、文化、教育等因素构成。通过优化创新城市的软件环境治理体系、破除体制机制壁垒、高效调配功能资源，达到为城市内部知识、技术、资本、信息等创新资源的科学流动创造有利条件的目标，为各类创新要素无障碍协同联动提供优越的环境，从而营造健康的创新城市建设氛围，使城市成为滋养创新活动的沃土。

在软硬件环境的基础上，信息网络与中介服务体系也是创新城市建设必不可少的支撑。在城市内部建立系统化的信息网络体系将有助于加快创新要素与资源的流通速度以及创新主体间的要素与资源共享；建立中介服务体系则有助于科技市场的完善，是促进科技成果产业化的必备环节。充分发挥二者的作用，是当前助力构建创新城市高效治理体系的要求。

11.3 面向城市创新主体的行动支持建议

企业、高校、科研机构和中介服务机构等是创新城市建设的行为主体，也是政府行动的直接作用对象。政府通过系列行动支持不同主体的成长，高效激发创新活力和增强科技创新能力是相关政策制定亟须明确的重要问题。为此，本章节从科技投入、政府采购、税收优惠、金融扶持、投资风险等方面出发，提出具体的行动支持建议。

11.3.1 增加科技投入

科技投入主要指R&D经费投入，其核心作用在于引导创新主体（尤其是高精尖类的企业或机构）开展高效的创新活动。由于基础应用、核心技术研究等存在研究风险大、回报率低、周期长等实际特点，多数社会性创新主体不愿主动承担风险，此间由政府提供一定数量的R&D经费便成为最为常见的支持行动。在这一行动过程中，政府应结合各城市科技发展规划、企业经济效益、高校和科研机构科研实力以及各城市发展水平，对R&D经费投入进行相对科学的计划与安排（图11-1）。

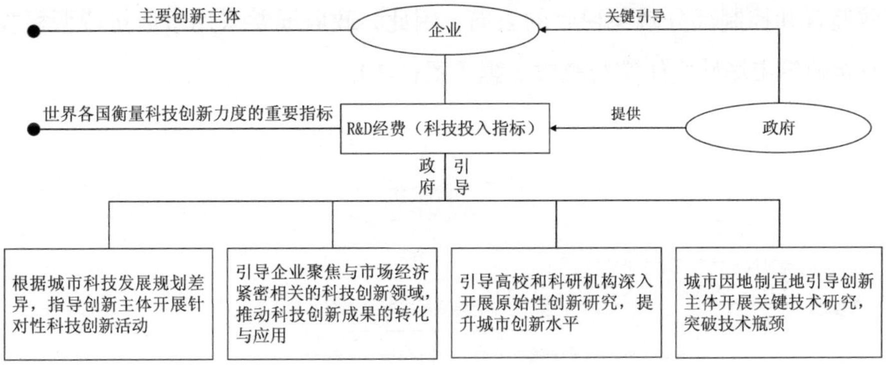

图11-1 增加科技投入的行动支持要点

11.3.2 加大政府采购

政府采购通常也被称为公共采购，需要按规定或程序（如公开竞争、项目招标、财政职能部门直接面向供应商等）开展，政府采购通常采用创造市场需求、满足功能要求、加大重点项目资金投入来促进创新资源的优化整合与配置，引导创新主体进行科技创新。同时，政府采购也应参照相关研究比重和科技产品比例，鼓励中小型企业沿政府鼓励方向开发核心产品（图11-2）。

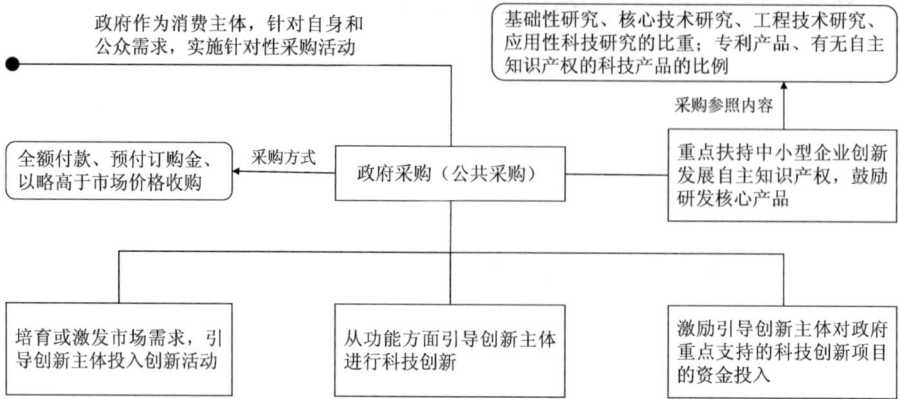

图 11-2　加大政府采购的行动支持要点

11.3.3　实行税收优惠

作为一种通过税收体系进行的间接财政支出，税收优惠与直接财政支出通常具有异曲同工之效。相关优惠政策包括事前扶持型、事后奖励型以及事前扶持与事后奖励相结合型三种基本类型。事前扶持型政策能够有效降低企业等市场性主体的创新成本，增强创新活力；对于事后奖励型政策来讲，政府通常难以明确目标，也难以有效监督和控制部分减免税收的去向。因此，政府通常采用事前扶持型税收优惠方式对企业等市场性主体实行税收优惠（图11-3）。

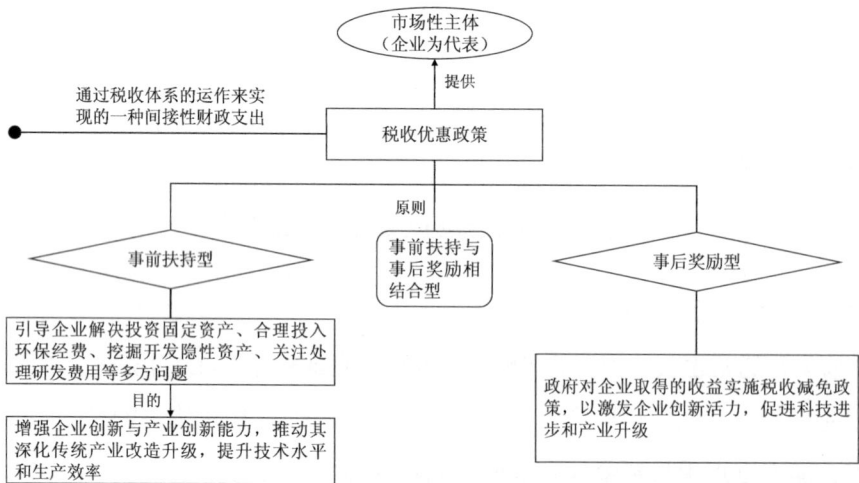

图 11-3　实行税收优惠的行动支持要点

11.3.4 加强金融扶持

政府需要加强金融政策扶持，以支持城市创新主体的创新行动，金融政策对创新主体的扶持涉及不同方面。首先，政府需要鼓励金融机构提供多形式贷款，引导企业与银行建立稳定关系并建立相关担保机制；其次，政府需要建立支持科技创新的多层次资本市场，为企业等创新主体创造稳定的市场环境，鼓励和引导其开展创新活动；最后，政府需要支持对创新主体开展的保险服务，以降低创新行动风险（图11-4）。

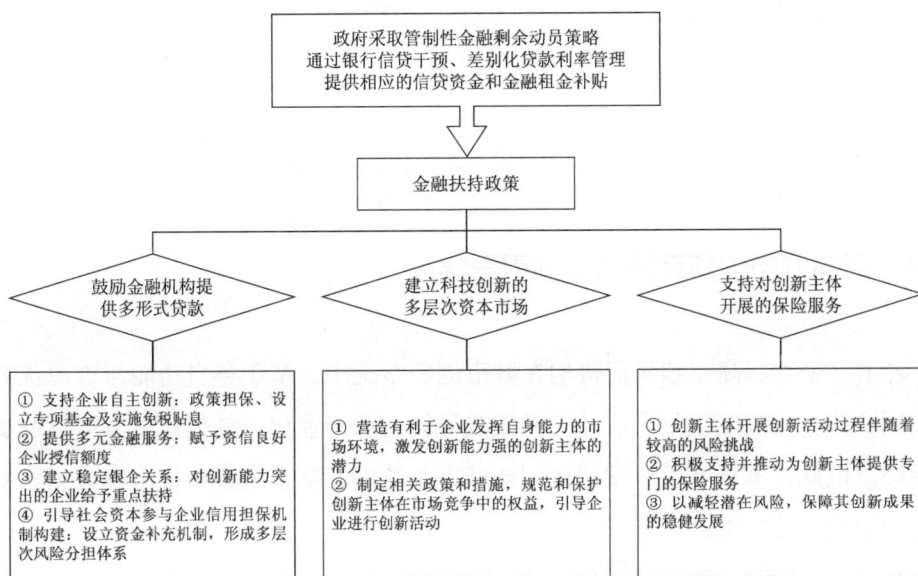

图 11-4　加强金融扶持的行动支持要点

11.3.5 降低投资风险

科技创新的高风险性影响着企业科技创新的动力，而风险投资是解决这一问题的重要途径之一。风险投资是市场范畴的一种企业行为，具有公平竞争、自主选择的特点。通常情况下，政府不应该直接参与或干涉风险投资过程，因此，在降低投资风险方面，政府需要制定相关政策措施，为企业的科技创新投资创造有利条件，并建立完善的知识产权保护制度，提高投资者对风险投资的关注。此外，政府需要实施风险投资专业人才引进制度，以确保风险投资在资本市场中能够持续有效地进行（图11-5）。

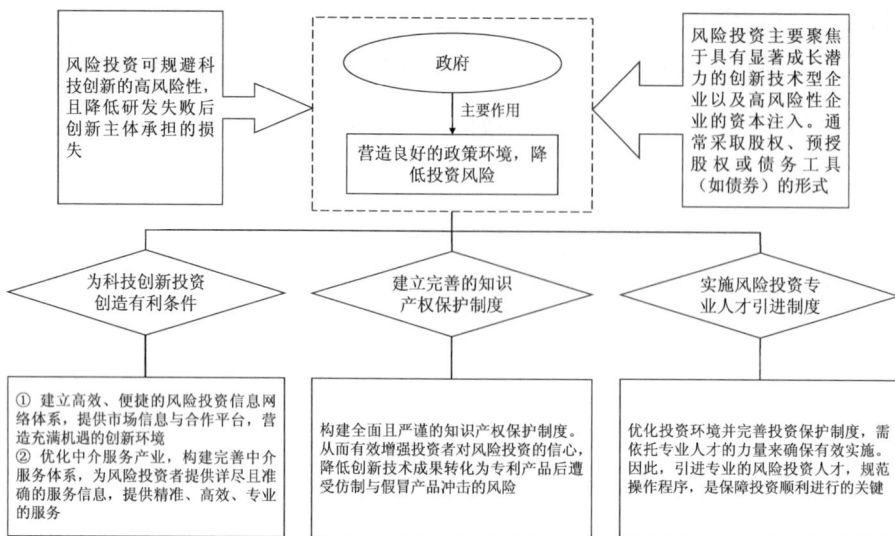

图 11-5 降低投资风险的行动支持要点

11.4 面向城市创新系统的措施引导建议

政府、企业、高校和科研机构在城市创新系统中，基于各自功能与资源优势开展协同合作，实现知识信息流动、科技成果转化和产业化，是创新城市运行的支撑和保障。因此，本章节以科学建设创新城市为导向，从多个视角提出城市创新系统培育的措施引导建议。

11.4.1 引导形成多元协同的创新发展局面

城市产学研高效协同对城市科技创新的扩散有着直接影响。高校和科研机构、企业等不同主体在创新活动中由于自身特点的不同存在一定局限，同时，由于技术创新存在外部性特征，加之市场发育存在的不确定性，导致在开展创新活动时，相关主体所需要的知识、技术、信息等资源以及公共物品需要通过相互协同的方式进行沟通与共享，因此，政府需要引导企业、高校和科研机构形成多元协同的创新发展局面（图11-6）。

11.4.2 建立完善的创新主体投入运营机制

由于高校与科研机构并不具备市场导向性，政府则需要通过设立用于国家课题、社科项目、尖端技术等事项的专项资金为其提供活动经费，并奖励有突出贡献的科技人员，从而鼓励和引导高校和科研机构开展研究。同时，政府要出台积极吸

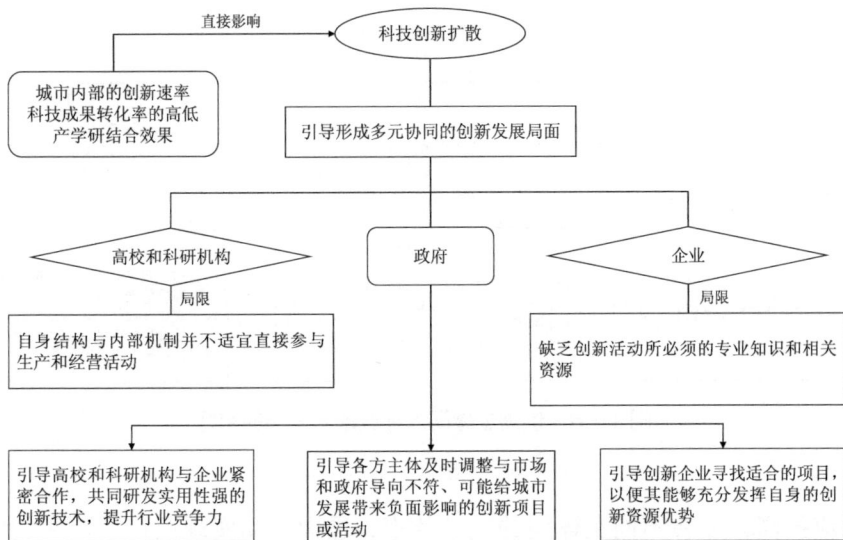

图 11-6　多元协同创新发展局面的引导

纳其他社会资本的政策，完善风险投资相关机制，引导企业增加科技创新投入，并通过补贴或奖励等形式对有贡献的企业进行奖励。此外，政府应当鼓励银行等金融机构为高校与科研机构优先安排信贷，为创新项目提供启动和流动资金，并实行专项管理（图11-7）。

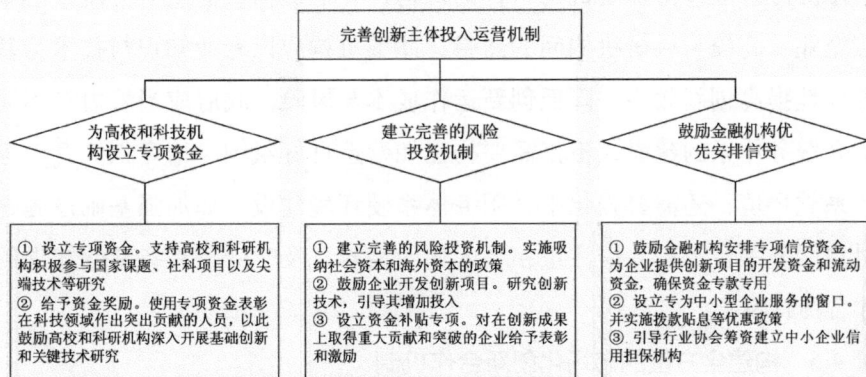

图 11-7　创新主体投入运营机制的引导

11.4.3　加强供需主体间的人才互动与沟通

由于城市创新系统中政府、高校和科研机构以及企业之间往往存在人才供需不平衡的现象，导致各方在协同合作方面存在诸多瓶颈，因此，为推动城市创新空间

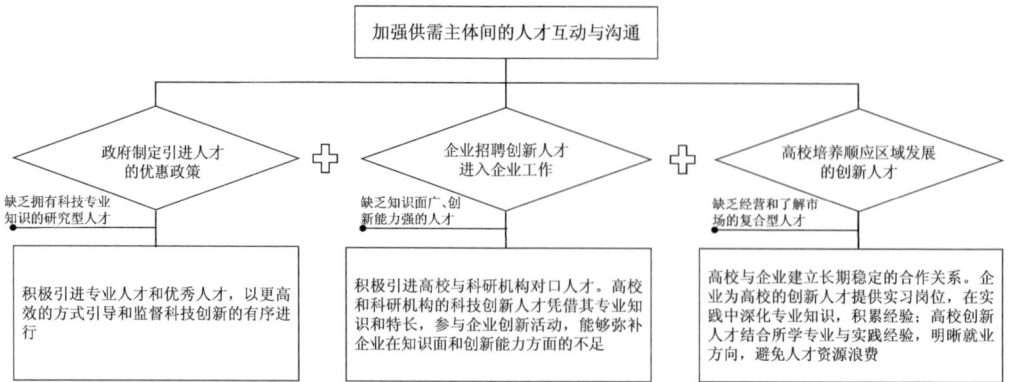

图 11-8　供需主体间人才互动与沟通的引导

建设，应提高人才在不同主体间的流动效率，进而推动实现政产学研用的深度融合。首先，政府应制定专业人才所需相应优惠政策，以改善政府缺乏专业人才导致的事倍功半的困境；其次，企业应引进高校及科研机构的优秀创新人才，以提升企业创新能力，从而加强相应合作关系，使各方主体达到互利共赢的效果；最后，高校也应注重培养政府与企业所需的创新人才，增加校企合作机会，防止出现专业人才浪费现象（图11-8）。

11.4.4　加快建设城市的创新中介服务体系

中介机构通常包含金融机构、咨询机构、评估机构、信息与交流中心等，作为连接企业、高校与科研机构间的纽带，此类机构应以专业知识与技术为基础，最大限度地提高创新效率、降低创新运作成本与风险。政府应当着力在不同方面加快中介服务体系的建设，不仅需要构建如营造良好氛围、培育积极意识等中介服务体系软环境；还需要强化中介服务体系硬环境建设，如加强基础设施建设、打造科技服务平台等；并应注重相关人才的培养，及时储备具备专业知识的复合型人才（图11-9）。

11.4.5　构建全方位的市场化创新合作机制

完善城市内部与城市之间的利益共享与风险共担机制，培育企业主导、基于市场机制的城际间、行业间、部门间合作体系，促进创新链和产业链的融合，形成完整政策体系，是城市创新可持续发展的保障。地方政府要积极引导企业、高校和科研机构加速构建产学研体系，加快创新科技成果转化；企业要根据自身发展需要，充分发挥市场化优势，基于项目和课题与高校、科研机构展开合作，还应鼓励科研人员采用技术或成果入股的途径加入企业，增强科研人员与高校、科研机构的交流学习以及信息互通；高校、科研机构可与企业合作建立科技创新开发中心、中试基地等，同步加快提升企业创业能力，促进创新成果转化（图11-10）。

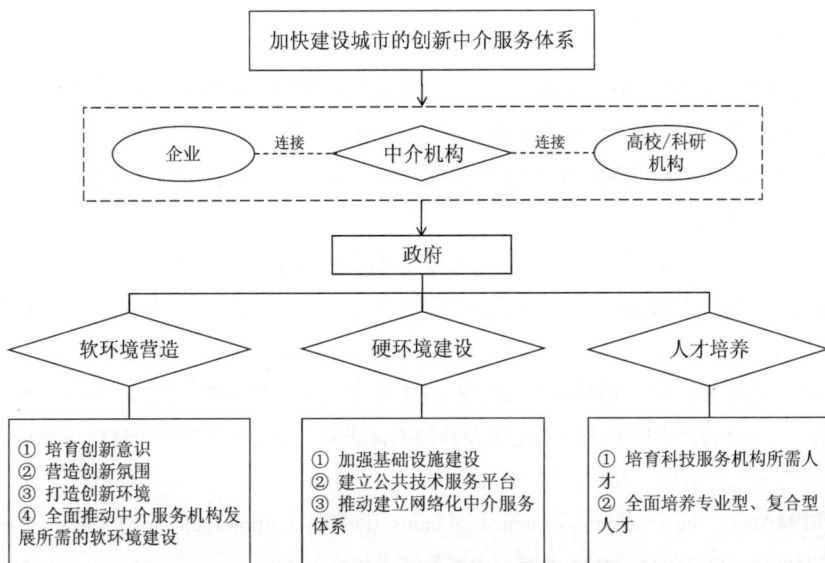

图 11-9　创新中介服务体系建设的引导

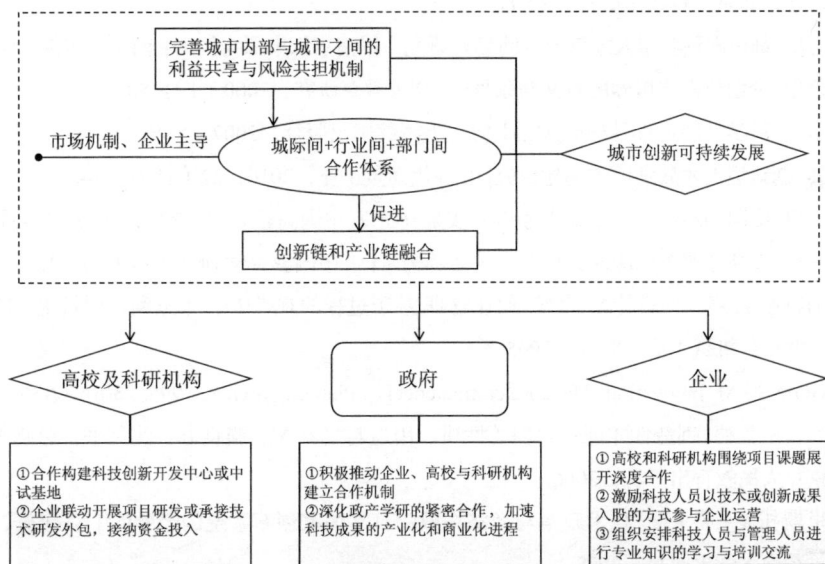

图 11-10　市场化创新合作机制构建的引导

参考资料

[1] 王兴平. 创新型都市圈的基本特征与发展机制初探[J]. 南京社会科学，2014（4）：9-16.

[2] 周军. 都市圈创新主体的空间分布特征研究[D]. 南京：东南大学，2019.

[3] 朱凯. 中国创新型都市圈的特征与演化路径研究：基于南京都市圈的实证分析[M]. 北京：商业印书馆，2022.

[4] 方创琳，刘毅，林跃然，等. 中国创新型城市发展报告[M]. 北京：科学出版社，2013.

[5] 王兴平，冯淼，顾惠. 城际创新联系的尺度差异特征分析：以长三角核心区为例[J]. 东南大学学报（哲学社会科学版），2015，17（6）：108-116，148.

[6] 胡曙虹. 全球主要城市发展战略规划中的愿景及目标[J]. 世界科学，2020（S1）：28-31.

[7] 李慧. 区域创新产出影响因素与地区差异的实证研究：基于江苏省13个地级市面板数据的分析[J]. 华东经济管理，2014，28（6）：8-13.

[8] FREEMAN C. The economics of industrial innovation[M]. Cambridge: The MIT Press，1982.

[9] 柳卸林. 技术创新经济学[M]. 北京：中国经济出版社，1993.

[10] 傅家骥. 技术创新学[M]. 北京：清华大学出版社，1998.

[11] 詹·法格博格，本·马丁，艾斯本·安德森. 创新研究：演化与未来挑战[M]. 陈凯华，穆荣平，译，北京：科学出版社，2018.

[12] 贺志华. 都市圈创新型人才就业空间偏好研究：以南京都市圈为例[D]. 南京：东南大学，2015.

[13] 冷余生. 论创新人才培养的意义与条件[J]. 高等教育研究，2000（1）：50-55.

[14] 奚洁人. 科学发展观百科辞典[M]. 上海：上海辞书出版社，2007.

[15] 许静. 创新型人才激励模式构建研究[J]. 现代商贸工业，2010，22（15）：39-41.

[16] 薛二勇. 协同创新与高校创新人才培养政策分析[J]. 中国高教研究，2012（12）：26-31.

[17] 刘海峰. 以高考改革回应国家创新人才培养需求[J]. 中国教育学刊，2024（7）：1.

[18] 罗伯特A. 巴隆，斯科特A. 谢恩. 创业管理:基于过程的观点[M]. 张玉利，谭新生，陈立新，译，北京：机械工业出版社，2005.

[19] HIGGINS J M. Innovation: The core competence[J]. Planning review, 1995, 23(6): 32-36.

[20] J. P. 吉尔福德. 创造性才能：它们的性质、用途与培养[M]. 施良方，沈剑平，唐晓杰，译，北京：人民教育出版社，2006.

[21] 克里斯托夫·弗里曼. 技术政策与经济绩效：日本国家创新系统的经验[M]. 张宇轩，译，南京：东南大学出版社，2008.

[22] COOKE P，HANS Joachim BRAZYK H J，Heidenreich M. Regional Innovation Systerms：The

Role of Governance in the Globalized Word[M]. London：UCL Press，1996.

[23] HENRY E. Innovation in Innovation: The Triple Helix of University-Industry-Government Relations [J]. Social Science Information，2003，42（3）：293-337.

[24] HENRY E, LOET L. The dynamics of innovation: from National Systems and "Mode 2" to a Triple Helix of university–industry–government relations [J]. Research Policy，2000，29（2）：109-123.

[25] LOET L, MARTIN M. The Triple Helix of university-industry-government relations [J]. Scientometrics, 2003, 58（2）: 191-203.

[26] MORGAN K. The learning region: institution，innovation and regional renewal [J]. Regional studies, 2007, 41(S1): 147-159.

[27] 冯之浚. 国家创新系统研究纲要[J]. 科学学研究，1999（3）：1-2.

[28] 胡志坚，苏靖. 区域创新系统理论的提出与发展[J]. 中国科技论坛，1999（6）：21-24.

[29] 曾小彬，包叶群. 试论区域创新主体及其能力体系[J]. 国际经贸探索，2008（6）：12-16.

[30] 张振山. 创新主体科技创新效率分阶段评价及溢出效应研究[D]. 哈尔滨：哈尔滨工业大学，2021.

[31] 李荣. 国家高新区创新主体间功能转换及绩效评价研究[D]. 武汉：武汉理工大学，2011.

[32] 李小建. 公司地理论[M]. 北京：科学出版社，1999.

[33] 宁越敏，武前波. 企业空间组织与城市—区域发展[M]. 北京：科学出版社，2011.

[34] COOKE P. Regional innovation systems: competitive regulation in the new Europe[J]. Geoforum，1992，23（3）: 365-382.

[35] AUTIO E. Evaluation of RTD in Regional Systems of innovation[J]. European Planing Studies，1998，6（2）: 131-140.

[36] COOKE P，SCHIENSTOCK G. Structural competitiveness and learning regions[J]. Enterprise and Innovation Management Studies，2000，1（3）: 265-280.

[37] SAMARA E, ANDRONIKIDIS A，KOMNINOS N, et al. The Role of Digital Technologies for Regional Development: A system dynamics analysis [J].Journal of the Knowledge Economy，2023(14): 2215–2237.

[38] TARTARUGA I，SPEROTTO F，CARVALHO L. Addressing inclusion，innovation，and sustainability challenges through the lens of economic geography: Introducing the hierarchical regional innovation system[J]. Geography and Sustainability，2024，5（1）: 1-12.

[39] SZAKÁLNÉ K I，VAS Z，KLASOVÁ S. Emerging Synergies in Innovation Systems: Creative Industries in Central Europe [J].Journal of the Knowledge Economy，2023，14（1）450–471.

[40] 李江.地方政府在提高区域创新体系效能中的作用：基于上海闵行区践行的视角[J].技术与创新管理，2011，32（2）:101-103，107.

[41] 彭绪庶，张宙材.中国区域创新体系效能测度与演进特征研究[J].科技进步与对策，2023，40（17）:78-87.

[42] 陈丛波，陈娟，胡登峰.场景驱动的跨区域创新系统：核心要素与未来发展[J].科研管理，

2024，45（5）:85-93.

[43] 中国科技发展战略研究小组. 2002年中国区域创新能力评价[J]. 科学学与科学技术管理，2003，24（4）：5-11.

[44] ETZKOWITZ H. Innovation in innovation: The triple helix of university-industry-government relations[J]. Social science information，2003，42（3）：293-337.

[45] NILSEN T，GRILLITSCH M，HAUGE A. Varieties of periphery and local agency in regional development[J]. Regional Studies，2023，57（4）：749-762.

[46] 周麟，古恒宇，何泓浩.2006—2018年中国区域创新结构演变[J].经济地理，2021，41（5）：19-28.

[47] 王松. 我国区域创新主体协同研究[D]. 武汉：武汉理工大学，2013.

[48] 周灿，曾刚，曹贤忠.中国城市创新网络结构与创新能力研究[J].地理研究，2017，36（7）:1297-1308.

[49] 王缉慈，朱凯. 国外产业园区相关理论及其对中国的启示[J]. 国际城市规划，2018，33（2）：1-7.

[50] 王缉慈. 李小建教授经济地理研究的学术论题和价值取向：读《中国特色经济地理探索》有感[J]. 经济地理，2016，36（3）：206-207.

[51] 王缉慈. 关于中国产业集群研究的若干概念辨析[J]. 地理学报，2004，59（S1）：47-52.

[52] 陆大道. 变化发展中的中国人文与经济地理学[J]. 地理科学，2017，37（5）：641-650.

[53] 袁野丰琳. 城市发展转型背景下"众创空间"的构建路径[M] //中国城市规划学会. 规划60年：成就与挑战——2016中国城市规划年会论文集.北京：中国建筑工业出版社，2016：13.

[54] 杜世光，余军.区域空间"介细胞"模型裂变效应与聚变效应应用研究[J]. 居舍，2022（29）：173-176.

[55] 李锐. 企业创新系统自组织演化机制及环境研究[D]. 哈尔滨：哈尔滨工业大学，2010.

[56] 陈蕾，张军涛. 基于区域创新系统的我国区域自主创新能力评价指标体系研究[J]. 税务与经济，2011（3）：48-53.

[57] 王福涛，钟书华. 创新集群的演化动力及其生成机制研究[J]. 科学学与科学技术管理，2009，30（8）：72-77.

[58] FELDMAN M P，AUDRETSCH D B. Innovation in cities: Science-based diversity, specialization and localized competition[J]. European Economic Review，1999，43（2）：409-429.

[59] 王缉慈. 关于发展创新型产业集群的政策建议[J]. 经济地理，2004，24（4）：433-436.

[60] 邹德慈. 构建创新型城市的要素分析[J]. 中国科技产业，2005（10）：15-17.

[61] 马晓强，韩锦绵. 由城市创新转向创新型城市的约束条件和实现途径[J]. 西北大学学报（哲学社会科学版），2008，38（3）：86-91.

[62] 王仁祥，邓平. 创新型城市评价指标体系的构建[J]. 工业技术经济，2008，27（1）：69-73.

[63] 石忆邵，卜海燕. 创新型城市评价指标体系及其比较分析[J]. 中国科技论坛，2008（1）：22-26.

[64] 谢科范，张诗雨，刘骅. 重点城市创新能力比较分析[J]. 管理世界，2009（1）：176-177.

[65] 丰志勇. 我国七大都市圈创新力比较研究[J]. 南京社会科学，2012（5）：9-14，29.

[66] CASTELLS M. Technopoles of the world: The making of 21st century industrial complex[M]. London: Routledge，2014.

[67] PARK S. Networks and embeddedness in the dynamic types of new industrial districts[J]. Progress in Human Geography，1996，20（4）：476-493.

[68] KATZ B. The rise of innovation districts: A new geography of innovation in America[M]. Washington DC: Metropolitan policy program at Brookings，2014.

[69] ESMAEILPOORARABI N，YIGITCANLAR T，KAMRUZZAMAN M，et al. Conceptual frameworks of innovation district place quality: An opinion paper[J]. Land Use Policy，2020，90：104166.

[70] PANCHOLI S，YIGITCANLAR T，GUARALDA M，et al. University and innovation district symbiosis in the context of placemaking: Insights from Australian cities[J]. Land Use Policy，2020，99：105109.

[71] 王兴平，朱凯. 都市圈创新空间：类型、格局与演化研究：以南京都市圈为例[J]. 城市发展研究，2015，22（7）：8-15.

[72] 龚嘉佳. 杭州市城市创新空间分布与演化机制研究[D]. 杭州：浙江大学，2020.

[73] 李晋轩，曾鹏. 创新、城市创新与城市创新空间：创新空间研究中的几点思辨[M]//中国城市规划学会. 活力城乡 美好人居：2019中国城市规划年会论文集. 北京：中国建筑工业出版社：2019：441-449.

[74] 邓智团，陈玉娇. 创新街区的场所营造研究[J]. 城市规划，2020，44（4）：22-30.

[75] 陈军，石晓冬，王亮，等. 北京城市创新空间回顾与展望[J]. 北京规划建设，2017（2）：74-79.

[76] 鲍宇廷. 基于生命周期的城市创新空间组织研究[D]. 南京：东南大学，2021.

[77] CALTHORPE P. The Next American Metropolis[M]. New York: Princeton Architectural Press，1993.

[78] Pugh C. Urbanization in developing countries: an overview of the economic and policy issues in the 1990s[J]. Cities, 1995, 12(6): 381-398.

[79] FREEMAN C. Networks of innovators: A synthesis of research issues[J]. Research Policy，1991，20（5）：499-514.

[80] ASHEIM B T，ISAKSEN A. Location，agglomeration and innovation: Towards regional innovation systems in Norway?[J]. European planning studies，1997，5（3）：299-330.

[81] KOSCHATZKY K. Innovation networks of industry and business-related services relations between innovation intensity of firms and regional inter-firm cooperation[J]. European Planning Studies，1999，7（6）：737-757.

[82] LANDRY C. The Creative City: A Toolkit for Urban Innovators [M]. London: Routledge, 2012.

[83] 张京祥，唐爽，何鹤鸣. 面向创新需求的城市空间供给与治理创新[J]. 城市规划，2021，45（1）：9-19，29.

[84] 屠启宇，程鹏，陈晨. 面向中长期的上海科技创新空间布局总体思路[J]. 世界科学，2020（S1）：45-49.

[85] 陈东炜，汤黎明，赵渺希. 深圳城市创新空间结构的时空演化模式[M]//中国城市规划学会. 活力城乡 美好人居：2019中国城市规划年会论文集. 北京：中国建筑工业出版社：2019：1909-1919.

[86] 王纪武，孙滢，林倪冰. 城市创新活动分布格局的时空演化特征及对策：以杭州市为例[J]. 城市发展研究，2020，27（1）：12-18，29.

[87] 张京祥，周子航. 创新竞租与制度激励：城市创新空间锚定的经济地理学解释[J]. 经济地理，2021，41（10）：165-173，191.

[88] 滕堂伟，方文婷. 新长三角城市群创新空间格局演化与机理[J]. 经济地理，2017，37（4）：66-75.

[89] 李迎成. 大都市圈城市创新网络及其发展特征初探[J]. 城市规划，2019（6）：27-33，39.

[90] 王圣云，王振翰，姚行仁. 中国区域创新能力测度与协同创新网络结构分析[J]. 长江流域资源与环境，2021，30（10）：2311-2324.

[91] 陆军，毛文峰，聂伟. 都市圈协同创新的空间演化特征、发展机制与实施路径[J]. 经济体制改革，2020（6）：43-49.

[92] 朱凯. 政府参与的创新空间"组"模式与"织"导向初探：以南京市为例[J]. 城市规划，2015，39（3）：49-53，64.

[93] 李健. 创新驱动空间重塑：创新城区的组织联系、运行规律与功能体系[J]. 南京社会科学，2016（7）：76-82.

[94] 李凌月，罗瀛，张啸虎. 城市科技创新空间发展、影响因素与规划策略探讨：上海科创中心建设思考[J]. 上海城市规划，2021（5）：72-76.

[95] 吕拉昌，李勇. 基于城市创新职能的中国创新城市空间体系[J]. 地理学报，2010，65（2）：177-190.

[96] 吴志强，陆天赞. 引力和网络:长三角创新城市群落的空间组织特征分析[J]. 城市规划学刊，2015（2）：31-39.

[97] 王承云，孙飞翔. 长三角城市创新空间的集聚与溢出效应[J]. 地理研究，2017，36（6）：1042-1052.

[98] 谢守红，甘晨，于海影. 长三角城市群创新能力评价及其空间差异分析[J]. 城市问题，2017（8）：92-95，103.

[99] 曾鹏. 当代城市创新空间理论与发展模式研究[D]. 天津：天津大学，2007.

[100] 郑思齐，曹洋. 居住与就业空间关系的决定机理和影响因素：对北京市通勤时间和通勤流量的实证研究[J]. 城市发展研究，2009（6）：29-35.

[101] 孙斌栋，潘鑫，宁越敏. 上海市就业与居住空间均衡对交通出行的影响分析[J]. 城市规划学刊，2008（1）：77-82.

[102] 周素红，程璐萍，吴志东. 广州市保障性住房社区居民的居住—就业选择与空间匹配性[J]. 地

理研究，2010，29（10）：1735-1745.

[103] 陈蕾，孟晓晨. 北京市居住—就业空间结构及影响因素分析[J]. 地理科学进展，2011，30（10）：1210-1217.

[104] 李少英，黎夏，刘小平，等. 基于多智能体的就业与居住空间演化多情景模拟：快速工业化区域研究[J]. 地理学报，2013，68（10）：1389-1400.

[105] EBENEZER H. Garden cities of tomorrow[M]. London: Sonnenschein, 1902.

[106] FLORIDA R，ADLER P，MELLANDER C. The city as innovation machine[J].Regional Studies，2016（51）：86-96.

[107] 孙正. 城市创新空间类型与其区位环境关联性研究[D].南京：东南大学，2021.

[108] DEVERENX M P，GRIFFITH R. SIMNSON H. Firm location decisions，regional grants and agglomeration externalities[J]. Journal of Public Economies，2007，91（3）：413-435.

[109] 年猛，王垚，焦永利. 中国制造业企业区位选择研究：集聚经济、市场导向与政策影响[J]. 北京社会科学，2015（1）：69-78.

[110] 杜德斌，孙一飞，盛垒. 跨国公司在华R&D机构的空间集聚研究[J]. 世界地理研究，2010，19（3）：1-13.

[111] 蒋文菊，王承云. 上海市R&D机构的空间区位选择[J]. 上海师范大学学报（自然科学版），2011，40（3）：326-330.

[112] 杜群阳，倪春平，朱剑光. 跨国公司在华R&D机构的空间结构研究[J]. 经济地理，2011，31（1）：102-106.

[113] 贺灿飞，傅蓉.外资银行在中国的区位选择[J]. 地理学报，2009，64（6）：701-712.

[114] 郑德高，袁海琴. 校区、园区、社区：三区融合的城市创新空间研究[J]. 国际城市规划，2017，32（4）：67-75.

[115] 张京祥，何鹤鸣. 超越增长：应对创新型经济的空间规划创新[J]. 城市规划，2019，43（8）：18-25.

[116] 段德忠，杜德斌，刘承良. 上海和北京城市创新空间结构的时空演化模式[J]. 地理学报，2015，70（12）：1911-1925.

[117] 韦胜，王磊，曹珺涵. 长三角地区创新空间分布特征与影响因素：以"双创"机构为例[J]. 经济地理，2020，40（8）：36-42.

[118] 唐永伟，唐将伟，熊建华. 城市创新空间发展的时空演进特征与内生逻辑：基于武汉市2827家高新技术企业数据的分析[J]. 经济地理，2021，41（1）：58-65.

[119] 张惠璇，刘青，李贵才."刚性·弹性·韧性"：深圳市创新型产业的空间规划演进与思考[J]. 国际城市规划，2017，32（3）：130-136.

[120] 李凌月，徐驰. 创新导向下转型地区产业空间优化策略研究：以昆山科创载体规划为例[J]. 规划师，2019，35（20）：60-66.

[121] 解永庆. 区域创新系统的空间组织模式研究：以杭州城西科创大走廊为例[J]. 城市发展研究，2018，25（11）：73-78，102.

[122] 张尚武，陈烨，宋伟，等. 以培育知识创新区为导向的城市更新策略：对杨浦建设"知识创新区"的规划思考[J]. 城市规划学刊，2016（4）：62-66.

[123] 曾鹏，曾坚，蔡良娃. 城市创新空间理论与空间形态结构研究[J]. 建筑学报，2008（8）：34-38.

[124] 旷薇，汪淳，刘锐，等. 科技创新的空间规划应对策略：基于各种空间尺度的理论解析与实证推论[M] //中国城市规划学会. 共享与品质：2018中国城市规划年会论文集. 北京：中国建筑工业出版社：2018：9.

[125] 马小晶，陈华雄. 高科技企业研发空间需求与科技城空间组织：以青山湖科技城概念性规划为例[M] //中国城市规划学会. 多元与包容：2012中国城市规划年会论文集. 北京：中国建筑工业出版社：2012：14.

[126] 李迎成，朱凯. 创新空间的尺度差异及规划响应 [J]. 国际城市规划，2022，37（2）：1-6.

[127] KATZ B，WAGNER J. The rise of innovation districts: A new geography of innovation in America[R]. Washington D.C.: Metropolitan Policy Program at Brookings，2014.

[128] ESMAEILPOORARARABI N，YIGITCANLAR T，GUARALDA M，et al. Does place quality matter for innovation districts? Determining the essential place characteristics from Brisbane′s knowledge precincts[J]. Land Use Policy，2018，79: 734-747.

[129] 李健，屠启宇. 创新时代的新经济空间：美国大都市区创新城区的崛起[J]. 城市发展研究，2015，22（10）：85-91.

[130] 邓智团. 创新街区研究：概念内涵、内生动力与建设路径[J]. 城市发展研究，2017，24（8）：42-48.

[131] 许凯，孙彤宇，叶磊. 创新街区的产生、特征与相关研究进展[J]. 城市规划学刊，2020（6）：110-117.

[132] 任俊宇，刘希宇. 美国"创新城区"概念、实践及启示[J]. 国际城市规划，2018，33（6）：49-56.

[133] 邓智团. 创新型企业集聚新趋势与中心城区复兴新路径：以纽约硅巷复兴为例[J]. 城市发展研究，2015，22（12）：51-56.

[134] 刘泉，黄丁芳，钱征寒，等. 枢纽地区的创新街区模式探索：以大阪站前综合体知识之都为例 [J]. 国际城市规划，2023，38（1）：82-90.

[135] 索超. 环同济知识经济圈智慧建设路径设计[J]. 上海城市规划，2013（2）：19-24.

[136] LANDRY C. The Creative City: A Tool kit for Urban Innovators[M]. London：Routledge，2012.

[137] SIMMIE J. Innovative cities[M]. London: Routledge，2003.

[138] 张剑，吕丽，宋琦，等. 国家战略引领下的我国创新型城市研究：模式、路径与评价[J]. 城市发展研究，2017，24（9）：49-56.

[139] FLORIDA R. The rise of the creative class[M]. New York: Basic books，2002.

[140] FLORIDA R. The creative class and economic development[J]. Economic development quarterly，2014，28（3）：196-205.

[141] 高小芹，刘国新. 企业分布式创新国外研究现状[J]. 武汉理工大学学报（信息与管理工程

版），2009，31（3）：455-458.

[142] 闫俊周. 分布式创新研究综述与展望[J]. 技术经济与管理研究，2016（7）：34-38.

[143] 李子明. 分布式创新、区域创新体系与区域分工[J]. 科技进步与对策，2010，27（7）：25-28.

[144] LI Y，PHELPS N. Megalopolis unbound: Knowledge collaboration and functional polycentricity within and beyond the Yangtze River Delta Region in China，2014[J]. Urban Studies，2018，55（2）：443-460.

[145] LI Y，PHELPS N A. Knowledge polycentricity and the evolving Yangtze River Delta megalopolis[J]. Regional studies，2017，51（7）：1035-1047.

[146] 王丽艳，薛颖，王振坡. 城市更新、创新街区与城市高质量发展[J]. 城市发展研究，2020，27（1）：67-74.

[147] 周可斌，师浩辰，王世福，等. 城创融合视角下从工业区到创新街区的更新路径与国际经验[J]. 国际城市规划，2022，37（5）：90-97.

[148] 王波，甄峰，朱贤强. 互联网众创空间的内涵及其发展与规划策略：基于上海的调研分析[J]. 城市规划，2017，41（9）：30-37，121.

[149] 唐爽，张京祥，何鹤鸣，等. 创新型经济发展导向的产业用地供给与治理研究：基于"人—产—城"特性转变的视角[J]. 城市规划，2021，45（6）：74-83.

[150] 周素红，裴亚新. 众创空间的非正式创新联系网络构建及规划应对[J]. 规划师，2016，32（9）：11-17.

[151] HUTTON T. The new economy of the inner city: restructuring，regeneration and dislocation in the 21st century metropolis[M]. London: Routledge，2009.

[152] KIM M. Spatial qualities of innovation districts: How Third Places are changing the innovation ecosystem of Kendall Square[D]. Cambridge: Massachusetts Institute of Technology，2013.

[153] 徐康宁，王剑. 自然资源丰裕程度与经济发展水平关系的研究[J]. 经济研究，2006，41（1）：78-89.

[154] 李广东，方创琳. 城市生态—生产—生活空间功能定量识别与分析[J]. 地理学报，2016，71（1）：49-65.

[155] 冯娟. 我国高质量供给体系建构研究：基于马克思再生产理论考察[J]. 当代经济管理，2020，42（6）：6-15.

[156] 李凯，王凯. 中国新区空间开发的制度逻辑[J]. 城市规划学刊，2022（1）：59-65.

[157] 谷晓坤，吴沅箐，代兵. 国土空间规划体系下大城市产业空间规划：技术框架与适应性治理[J]. 经济地理，2021，41（4）：233-240.

[158] 方维慰. 江苏产业空间优化的实践模式与动力机制[J]. 江苏社会科学，2017（5）：256-262.

[159] 陈露，刘修岩. 产业空间共聚与企业全要素生产率[J]. 现代经济探讨，2021（10）：88-97.

[160] 田琳. 生产性服务业分工视角下的上海都市圈产业空间组织演进[J]. 城市规划学刊，2021（3）：104-111.

[161] 刘洁贞，曾艺元，李颖. 粤港澳大湾区制造业空间更新设计策略：以佛山平洲工业区为例

[J]. 规划师，2021，37（6）：68-74.

[162] 许闻博，王兴平，潘蓉，等. 企业—产业—空间协同的杭州经济技术开发区再开发策略[J]. 规划师，2019，35（7）：48-54.

[163] 伍蕾，谢波. "技术"与"人本"理念下未来城市的空间发展模式[J]. 规划师，2020，36（21）：14-19，44.

[164] 吴福象，张雯. 长三角区域产城人融合发展路径研究[J]. 苏州大学学报（哲学社会科学版），2021，42（2）：113-123.

[165] 孙文秀，武前波. 新科技革命下知识型城市空间组织的转型与重构[J]. 城市发展研究，2019，26（8）：62-70.

[166] 姜珂. 人本视角下的园区型创新空间建设模式研究：以紫金江宁科创社区为例[D]. 南京：南京大学，2018.

[167] 张馨月. 产城融合模式下新型产业园社区化设计策略研究：以深圳为例[D]. 广州：华南理工大学，2020.

[168] 徐强. 以"产业大脑＋未来工厂"新范式构建数字经济系统新生态[J]. 浙江经济，2021（8）：66-67.

[169] 侯衡，邓敬宏，张喆，等. 深圳市创新型产业空间政策研究[J]. 规划师，2021，37（6）：31-37.

[170] 卢弘旻，朱丽芳，闫岩，等. 基于政策设计视角的新型产业用地规划研究[J]. 城市规划学刊，2020（5）：39-46.

[171] 负兆恒. 构建创新型都市圈协同创新体系的政策研究[D]. 南京：东南大学，2015.

[172] 朱凯. 矛盾与协作：政企双边视野下传统强镇工业用地转型研究：基于诸暨市店口镇的实践考察[J]. 城市规划，2025，49（1）：48-58.

[173] 朱凯，孙一升，李迎成. 跨界地区创新空间的协同发展与规划响应[J]. 城市发展研究，2024，31（11）：84-90.

[174] 朱凯，朱梦雅，李迎成. 面向新时代的城市生产空间"形"与"态"：演绎趋势与供给逻辑[J]. 城市发展研究，2023，30（6）：8-15.

[175] 朱凯，顾志凌，孙婉香，等. 面向未来工厂的城市产业空间微组织框架与模式研究[J]. 规划师，2023，39（5）：61-67.

[176] 朱凯，胡畔，王兴平，等. 我国创新型都市圈研究：源起与进展[J]. 经济地理，2014，34（6）：9-15，8.

[177] ZHU K, XU J, WANG X. The evolution of urban innovation space and its spatial relationships with talents living demands evidence from Hangzhou, China [J]. International Journal of Urban Sciences, 2023, 27(3): 442-460.

[178] LI Y, ZHU K. Spatial dependence and heterogeneity in the location processes of new high-tech firms in Nanjing, China [J]. Papers in Regional Science, 2017, 96(3): 519-535.